人性的力量
The Power of Human

[美] 亚当·韦兹（Adam Waytz） / 著　隋钰冰 / 译

中信出版集团 | 北京

图书在版编目（CIP）数据

人性的力量 /（美）亚当·韦兹著；隋钰冰译 . -- 北京：中信出版社，2022.10
书名原文：The Power of Human: How Our Shared Humanity Can Help Us Create a Better World
ISBN 978-7-5217-4712-6

Ⅰ.①人… Ⅱ.①亚… ②隋… Ⅲ.①心理学－通俗读物 Ⅳ.① B84-49

中国版本图书馆 CIP 数据核字（2022）第 161223 号

Copyright © 2019 by Adam Waytz.
Simplified Chinese translation copyright © 2022 by CITIC Press Corporation
ALL RIGHTS RESERVED
本书仅限中国大陆地区发行销售

人性的力量

著者：　[美] 亚当·韦兹
译者：　隋钰冰
出版发行：中信出版集团股份有限公司
（北京市朝阳区惠新东街甲 4 号富盛大厦 2 座　邮编　100029）
承印者：　天津丰富彩艺印刷有限公司

开本：880mm×1230mm　1/32　　印张：9.5　　字数：230 千字
版次：2022 年 10 月第 1 版　　　印次：2022 年 10 月第 1 次印刷
京权图字：01-2022-5031　　　　　书号：ISBN 978-7-5217-4712-6
定价：69.00 元

版权所有·侵权必究
如有印刷、装订问题，本公司负责调换。
服务热线：400-600-8099
投稿邮箱：author@citicpub.com

目录

译者序 ……III

引　言 ……V

第一部分

第 1 章 | 弱人性化趋势 ……003
定义弱人性化 / 弱人性化趋势的证据 / 市场化 / 两极化 / 阶层分化 / 自动化

第 2 章 | 人类是价值的创造者 ……035
努力的价值 / 意向释放出目的性 / 积极的社会传染和可靠性

第 3 章 | 人类的道德观 ……055
引导道德的细微线索 / 可识别的力量 / 拟人主义与道德

第 4 章 | 人类的影响力是行动的引擎 ……081
人类影响力的广度 / 女儿的力量 / 人类的影响力具有令人震惊的深度 / 低估人类的影响力

第 5 章 | 以人为中心的激励 ……103
为了爱，还是为了钱

第二部分

第6章 | 自动化时代的人性化 …… 125
机器人何时到来,以及它们为谁而来 / 掌握社交技能 / 掌握应变能力 / 真正的闲暇

第7章 | 构建人类与机器的合作关系 …… 159
按照道德力量分工 / 让机器人完成机器人工作 / 情绪劳动 / 科技人性化的最优设计 / 重视恐怖元素 / 声音释放人性 / 让机器人弱机器化 / 人类掌控力 / 匹配任务和用户

第8章 | 重视冲突中的人性 …… 191
寻找人类的共性 / 共同的目标 / 共同的敌人 / 共同的身份 / 共性的局限 / 权力的力量 / 接受观点 vs 提出观点 / 需要身份 vs 需要名望 / 改变信念 / 重构价值观

第9章 | 关键距离中亲密关系的人性化 …… 227

后 记 时间、联系和重要性 …… 243

致 谢 …… 251

注 释 …… 253

译者序

在这个万物互联的时代,人类与世界的交互空前密切。大量幻想正在演化为一个个鲜活灵动的现实——人类的视觉、听觉和触觉正在以史无前例的方式延伸。然而,也正是在这个万物互联的时代,人类正在经历一些不可回避的现实:人们在重视与这个世界的连接时,对人性的觉知却在日渐淡化,人类似乎也经历着空前的孤独,弱人性化趋势正盛,科技元素让人们忽略了他人作为人类所具备的感知和思考能力。对人性的忽视渗透到社会不同群体之间,矛盾和冲突频发。与此同时,人们也低估了人性的影响力、说服力和创造力,其背后隐含着人类自身对所有社会群体人性的质疑。弱人性化趋势深刻揭示了人性缺失的现实。

科技赋予了人类更强大的确定性、控制力和可预测性,也让人类深陷于人性的不确定性、失控感和不可预测性。人类并没有积极作为,事实上我们并没有积极地否定人性,却在以异常微妙的形式远离人性。人类不仅面临着工作和科技场景中的人性缺失,甚至在人与人的亲密关系中也遭遇了意料之外的弱人性化。如果我们无法清醒地认知和感知这一切,如果我们选择逃避和回避,我们将无法及时阻止弱人性化趋势对人类自身福利必然且不可估量的损伤。

这本书生动揭示了弱人性化趋势背后人类心灵的痛点与脆弱,以详尽扎实的研究案例和实证数据,剖析了当下社会存在的矛盾、冲突及纠纷背后的原因,并深入探讨了人类应该如何应对和缓解这些问题。这本书前沿的学术研究背景格外引人入胜,提供了许多经典的学术研究参考及交叉学科、跨学科的视野,丰富且严谨的数据资料参考在全文一以贯之。在学术追求之外,这本书的目的和使命正是为唤醒对弱人性化趋势熟视无睹的人们。事实上,我们无法逆转弱人性化趋势,但至少我们可以减缓它,减缓其对人类造成的伤害和负面影响。这本书字里行间流淌着有担当的态度,保持着来自人类的温度,有思考的深度,是一本态度、温度、深度并存的作品。

作者亚当·韦兹博士以独特的社会学和心理学视角,以直面问题的敏锐洞察、以严谨且流畅的语言、以独特且犀利的见解,带领我们思考和审视人类当下面临的困惑,尝试唤醒人们对弱人性化趋势的觉知,以期身而为人的我们更好地认识这个世界,重拾对人性的重视,逆转疏离,以人相待。

感谢中信出版集团将这部作品带到读者面前,谨此感谢为中文版出版辛勤工作的同人。

引言

读大二那年,在经历了一整个学期的忙碌之后,我和一位朋友决定重新唤醒我们的友谊。在过去的一年中,我们彼此和其他三位朋友几乎每天都在虚拟世界里互相陪伴,但几乎没有见过面。在放寒假离校之前,我们一起在曼哈顿上西区吃了晚餐,并在市区看了一部科恩兄弟的电影。我记得我们坐在电影院的最后一排,一边聊天一边吃着烤干酪辣味玉米片,喝着玛格丽特酒。在返回郊区的火车上,我们还谈论了对刚看完的这部电影的喜爱程度。我们之间的一切都恢复了正常。第二天,我乘飞机回到位于明尼阿波利斯的家中,感到如释重负,以为自己让一段濒临消逝的友谊焕发了生机。然而,后来我才了解到,我的朋友并没有同样的感受。

几个月后,这位朋友告诉我,正是在那个夜晚,她意识到我们无法再做朋友了。就是那样一个我以为温暖而轻松的相聚的夜晚,却让她感受到了一种冷漠、孤独的失望。她特意向我描述了这样的情形:我们一起用餐的时候,我表现得烦躁不安,双眼几乎一直环顾着餐厅而不是与她对视。她告诉我,她当时觉得自己完全被忽视了。

我瞬间对这种被忽视的感受产生了共鸣,极有可能你也有过类似的经历。让他人觉得自己被忽视会导致他们丧失人性,很有可能出现的情况是:你不仅有数次被忽视的经历,也有数次忽视他人的经历。忽视他人程度最深的情形是完全把对方当作动物或物品来对待,而程度较为轻微的情形是部分地忽视他人的人性——就像我与朋友共度的这个再平常不过的夜晚一样。但是,即便是后者,忽视他人的情况出现的频率也比我们预想的频繁得多。

也许我们会在意识到这一点之后刻意做出改变,但是,我非常肯定的是,忽视人性是现代人的通病——人们并没有把他人作为具有处理复杂情感能力和理性思维的人来对待。如今,这种不尊重他人的问题,包括对所有社会群体的人性的质疑,越发惊人的普遍和严重。但值得庆幸的是,它是能够被解决的。于是,就在8年前,我决定对症下药,写一本书。当时,我认为这样的假设具有强大的说服力。当然,这些问题的提出是在人类重新思考另一类重大问题之前。那时候,部分群体的生命是否重要的话题还没有重新成为国家政策披露中争论和抗议的焦点。那时候,"伊斯兰国"(ISIS)和博科圣地(Boko Haram)等认为无助的儿童可以任其支配的组织也还没有迅速扩张。那时候,笼罩美国和西欧的法西斯主义尚没有重新抬头,尽管这些思潮在难民和移民中激起了广泛的仇恨。

在 2016 年美国总统大选的余波中，反对派就呼吁基于人类共同身份以获取同情和团结做了大量宣传。科尔比·伊特科维茨（Colby Itkowitz）为《华盛顿邮报》撰文称，大选缺乏的是"对特朗普支持者的同情心"[1]。拉比·迈克尔·勒纳（Rabbi Michael Lerner）在《纽约时报》上发表专栏文章，标题则是"我们应当出于同情和奉献精神援助特朗普的支持者"[2]。其他新闻媒体也发布了"自助指南"，告诉人们如何在感恩节晚餐时与持不同政治观点的家人交谈。

为了对社会公德、同情心和团结的请求做出回应，作家奇玛曼达·恩戈齐·阿迪奇埃（Chimamanda Ngozi Adichie）在《纽约客》撰文道："促进团结是诋毁者的责任，而不是被诋毁者的责任。具备同情心的前提是具备人性。要求被诋毁的人认同自身被质疑的人性是不公平的。"[3] 阿迪奇埃的假设强调了人们试图解决不同社会群体之间冲突的尝试为何屡屡失败：历史上的优势群体的诉求聚焦于和解（以期在未来寻找到共同的人性），而弱势群体的诉求聚焦于争论（以期在过去寻找到自身的人性）。由于这种偏差的存在，暴力、误解和冲突不断循环，人们陷入了一种无法认同的失败——无法认同与其观点、意愿、需求和担忧不同的人。这种失败正是人性弱化的本质，它非常危险。

人性弱化是指人们无法把他人当作具备思考和感受能力的人来对待。相反，"以人相待"或者拟人化代表了人性弱化的反面：将他人视为具备思考和感受能力的人来对待（我将在第 1 章拓展对相关概念的定义）。因此，本书首先提出"以人相待"的重要性，然后通过两部分的内容展开。在第一部分，我将描述人性的力量：对人性的觉知如何让我们的生命和日常经历变得更加重要、如何鼓励道德关怀，以及如何激励和影响我们采取更加有效的行动。在第二部分，我将讨论如何利用人性的力量改善我们的工作，以及这种力量如何让我们在科技环境中更有效地展开合作并改善人们之间的亲密关系。以下是本书后续内容的阅读路线指引。

人性创造价值

J. D. 塞林格（J. D. Salinger）有一个鲜为人知的文学作品，是一张只有一句话的便笺。这张便笺写于1989年塞林格出门度假之前，内容是主人在离家期间要求仆人担负的职责。这条简短的留言在易贝（eBay）网站拍卖中拍出了 50 000 美元的价格，一部分是缘于塞林格归隐山林的事为人熟知，另一部分则是缘于他一直呼吁反对手稿拍卖交易商的名声在外。尽管这样的名人手稿拍卖交易十分常见，但是为一张只写着几个单词的纸片支付 50 000 美元毫无经济价值可言。这些拍卖揭示了人类的接触具有巨大的转换价值。事实上，对名人物品拍卖的研究显示，那些被著名政治家和演员实际接触过的物品拍卖出了更高的价格。[4]

同时，这些研究也指出能创造价值的人类接触不仅仅是名人的接触。一项在大学书店展开的田野实验结果显示，如果顾客观察到喜欢的异性触碰到了某件衣服，其购买该商品的意愿就会增强。[5] 其他研究成果也显示，学生们在接触了公认的具有较高创造力的学生触碰过的物品之后,他们的创造力测试直觉指标比接触前表现得更好。[6] 当然,正如我将在第 2 章描述的,虽然对这些效应的解释将以数值的形式呈现,但它们证明了人类接触的力量对提升日常目标和体验感的重要性。

人性释放道德信号

人性不仅提升了人类活动的重要性,还在其中注入了道德价值。生物学家朱利安·赫胥黎(Julian Huxley)曾经把一种繁殖于日本内海南部海域的螃蟹——平家蟹或称"武士蟹"——作为人工选择的产物。这种螃蟹之所以被取名为"武士蟹",是因为其外壳上的纹路非常像平家武士的脸。根据《平家物语》(*The Tale of the Heike*)记载,平家武士在坛之浦之战中消失了。赫胥黎和后来的宇宙学家卡尔·萨根(Carl Sagan)都认为,渔民在捕捉螃蟹时,出于对武士的敬畏,看到壳上有武士脸纹路的螃蟹就会扔回海里,这种做法增强了武士蟹的繁殖能力。[7] 当然,该假设最初源于一个引人入胜的故事而非科学,然而它揭示了人们对带有人类线索的事物的热情。

根据这个假设,如果"以人相待"能够赋予人类远离伤害的权利,我们就能够合理地预期人类会对细微的人类信号做出道德回应。人性化的名字、面貌或者声音都在释放潜在的人类思维的信号,而这些信号代表了人类的道德立场。例如,研究显示,相较于长得不那么像人类的动物(如巴西红耳龟),国家公园的游客更愿意与长得像人类的动物（如伊比利亚猞猁）展开交流。动物人性化的长相有助于人们对道德精神的感知。[8] 其他研究也显示，在过去几十年里，社会对于狗的道德观念不断提升，其间，英国、美国和澳大利亚的宠物狗的名字也从菲多（Fido）、罗弗（Rover）等变为本（Ben）、露西（Lucy）等更为拟人化的名字。[9] 人们在保护类人猿领域所做的工作也以其类人属性为中心展开。例如，泛类人猿计划主张将人类的法律权利拓展到类人猿身上，而提出该主张的基础就在于类人猿具有和人类类似的心智能力。除了动物，其他研究工作还将人类的道德定位拓展到了机器人身上。[10] 举一个极端的例子，沙特阿拉伯近期就赋予了一个名叫索菲亚（Sophia）的类人机器人公民身份。当索菲亚不用戴着面纱出现在男性面前时，举国"震惊"，一些人甚至评论称索菲亚在沙特阿拉伯的地位比当地人类女性的地位还高。[11]

基于人性化的感知线索提升了人们对非人类的道德认知，而我们毫不意外地得出如下结论：更多地感知人性——它们内在的思维、感受和意愿，也能帮助我们更好地对待它们。我将在第 3 章考察人类道德的重要性。

人性产生影响力

由于人性可以提升价值和道德价值，它也能在一定程度上影响人类的行为，但我们通常低估了其影响的程度。在对希拉里·克林顿 2016 年参与美国总统大选及失利结果的事后剖析中，政治记者爱德华-艾萨克·多维尔（Edward-Isaac Dovere）指出她过度依赖算法目标导向而忽略了人与人之间的接触，他说："希拉里的竞选活动错失了政治科学家们所说的人与人之间的'说服'——她没有用挨家挨户敲门的方式获取民众对民主党候选人的支持。"[12]这段评论也应和了一些政治评论家对希拉里竞选团队的评论，他们认为该团队忽略了利用高质量的、面对面的人与人之间的交流来说服选民支持候选人。如果这个例子让你觉得不具代表性的话，我确信你一直以来都低估了人性的说服力。就像我将在第4章详细论述的那样，人性在影响行动方面拥有强大的力量，那是一种我们所有人都可能忽略的能力，而不仅限于充分获得资金支持的政治活动。

不仅人性的说服力能够影响人类的行动，人类的行动也会激励人们去复制这些行为：人们会去做别人也在做的事情。人们会基于"社会认同"形成一致的行为，这一点似乎非常明显。但与此同时，我们又一次严重低估了它的力量。心理学家和市场营销专家乔纳·伯杰（Jonah Berger）在他的著作《看不见的影响力》（*Invisible Influence*）中提到，他的研究展示了人们在决策时因忽视他人的行为而对自身造成的影响。他发现，尽管社会影响力常常驱动着购买奢侈品的行为（"我喜欢的人也开这么昂贵的车吗"），例如宝马汽车车主在购买汽车时却并不认为别人影响了自己的购买决策，相反他们指出价格、油耗这类因素会影响自己的购买决策。[13]第4章的研究将证明，低估社会认同的力量事实上是一种错误，用"大家都这样做"来说服他人采取行动比利用实用理性精神要有效得多。尽管我们忽略了社会影响力，但第 4 章将证明，其他人的想法，尤其是人类对自身的想法，是人类行为最大的引擎。

人性带来激励

在野外遇到一头身高 2.5 米、体重 300 多千克的北极熊，大部分人会采取装死或者逃跑的举动，而魁北克省北方小村庄的村民莉迪亚·安吉，一个在朋友们眼中"身高约 1.5 米、体重约 40 千克、在下雨天可以被忽略的平凡人"却不是这样。安吉曾与一头企图袭击她的北极熊搏斗，被北极熊扑倒后，她躺在地上对着熊踢蹬。她的行为逻辑非常简单：她 7 岁的儿子正在附近和其他小朋友玩曲棍球，而她看见北极熊正盯着他们，她立刻意识到孩子们正面临生命危险。[14] 她的行为后来常常被引用为"歇斯底里的力量"，而安吉勇敢地搏斗向我们展示了为他人而战的力量，她甚至因此忽略了自身的处境。

人性会激励我们以某种超出预期的方式拓展自己的行为。关于激励的现代科学告诉我们，人们并不仅仅是理性的、成本—收益的计算者，只考虑个人利益的最大化。相反，人们在代表他人的利益而行动时，往往会更加努力地付出。心理学家李叶（Ye Li，音译）和玛格丽特·李（Margeret Lee）就做了这样一项研究，他们让参与者完成一些机械性的工作，如打字或者出字谜。[15] 参与者被告知，他们在这些任务中的表现要么可以获得经济报酬（例如，他们每出一道字谜就能获得 20 美分的报酬），要么可以帮助到其他项目参与者。结果显示：当参与者选择收益与他人相关时，他们的表现优于选择自己获得收益。李叶在数年前和我一起上研究生的课程，当时他就向我提到过这种现象，并称其为"詹姆斯·邦德效应"。该效应的名称来自经典的谍战电影，暗指即便面临被折磨的危险，被捕获、被捆绑的邦德也拒绝向邪恶的敌人透露秘密信息。然而，就在这时，敌人让邦德看到了幕布后面同样被捆绑着的女友。如果邦德不透露秘密信息，她就将遭受残酷的折磨。自己身处险境时，邦德拒绝说出秘密，但是为保护女性同伴，他却愿意说出秘密。当然，我们当中几乎不会有人真正面临来自超级坏蛋的折磨或令人恐惧的北极熊的袭击，但是当我们感受到他人能够因我们的行为而受益时，我们将做出令人惊奇的举动。第 5 章将详细论述他人如何激励我们的行为，激励我们去实施在仅仅为了个人利益时反而不会采取的行动。

本书的第一部分论证人性力量的存在，第二部分将聚焦于如何利用这种力量。本部分将就如何使工作场所人性化，以及如何人性化地与科技互动提供建议，让我们思考为何当下人们的生活越来越被物支配而不是由人主导。随后我将提出一些人性化的策略，以期缓解我们与最危险的对立者之间的冲突，同时改善我们与最亲密的朋友和家人之间的关系。

让工作人性化

具有传奇色彩的历史学家及播音员斯塔兹·特克尔（Studs

Terkel)在他的著作《工作》(Working)中巧妙地描述了美国人的工作活动与经历。[16] 在特克尔的一次采访中,一名钢铁工人仔细想象了如果机器替代了他的工作会怎样,他说:"如果一台电脑比我'先吃东西',我会诅咒它!我需要为孩子们挣牛奶钱,为自己挣啤酒钱。机器要么解放人类,要么奴役人类,因为它们就是如此中性的存在,是人类对把东西放在这里或者那里有偏见。"尽管这名工人是在1974年想象自动化的未来,但他更多地聚焦于机器对人类的替代而不是解放。如今工作中真实发生的人工智能和机器学习算法的兴起,以及人类组织希望将人类的工作外包给机器人[迈克尔·诺顿和我将此称为"机器人外包"(botsourcing)]的意愿已经引发人类的担忧,担忧这一过程会逐渐使工作的本质弱人性化。[17]

有的人可能会认为,当前工作场所的创新可能会减缓工作的弱人性化,不论是从开放的办公室到共享的乒乓球桌,还是过度的组织参与而非员工参与,然而过去30年的员工参与度和工作满意度却在下降,或者说一直停滞不前。[18] 第二种趋势表明了工作场所的弱人性化尝试中一个更为要害的问题:当今,人们比过去更重视自己的工作。一则果汁公司的招聘广告传递出一个普遍的观点:"工作不仅是一份工作,它更代表了你是谁。"[19] 对一份工作极度缺乏认同和工作场所的弱人性化是真实存在的:在这里,人们觉得自己更像一台机器里功能化的齿轮,他们几乎感受不到个人成就。

为从事弱人性化工作的人开出的药方包括两个方面:一是在

工作中注入人性，二是在工作中分离出个人认同感，同时，基于不同的职业和行业将个人对以不同方式完成的任务的认同感分离开。在工作中注入人性意味着为工作者提供独特的、只依靠人工技能的工作内容，让他们感受到其工作是有价值的。那么，这些独特的人工技能指什么呢？我将聚焦于两种属性——社会属性和可变属性，社会属性是激发员工去考虑同事的人性并感知他们的工作对组织外的人产生的影响，可变属性则是指将人们从程式化的工作中解放出来并赋予他们使用多重技能的能力。

相较于在工作中注入人性，分离人们在工作中的认同感更重要且更具挑战性。出现这种现象的原因在于，后者需要人们放弃美国传统的新教徒式的职业道德，即工作本质上是道德的。有一则虚构的故事讲道，一位刚刚适应美国生活的移民开始相信"我很忙"意味着"还不错"，因为他问别人"你好吗"，人们总是回答他说"我很忙"。让工作人性化的部分工作是需要接受失业并拒绝忙碌是道德的这一想法，完成这两步将推动人们在工作中分离出独特的人工技能。同时，分离人们的工作认同感极具挑战性，因为为此付出的努力本身是相互对抗的。在第6章中，我将介绍如何权衡这些内容。

让科技人性化

不仅人类的工作越来越弱人性化，人类在自动化进程中取得的进展也在逐渐将人类自身从不同的生产线中移除出去。管理这场机器的崛起首先要求我们认同未来是不可阻挡的，认同科技创新和新技术的采用不会衰减，认同机器外包的趋势不可逆转。正如一位硅谷的前风险投资人告诉我的，我们需要决定的不再是我们是否需要新科技——蒂姆·库克和马克·扎克伯格已经为我们做出决定。但是，我们对于这种屈服的回应是不明确的。2013年一项针对全球12 000名年轻人的调研显示，86%的受访者认为科技创新让生活变得更简单了，69%的受访者甚至认为科技创新改善了他们的生活，但61%的受访者认为创新导致人类的人性弱化。[20]尽管人们认为创新的过程伴随着弱人性化的趋势，但创新的积极影响仍在持续。

科技带给人类简便和高效，而人类永远也无法克制自己沉迷其中。个人的虚无主义让我相信这种观点。因此，科技引致的弱人性化的最佳解决方案是人类和机器达成一项简单的、双管齐下的协定。（1）人类将持续开发运行方式及外观拟人化的、不那么令人厌恶且不具有入侵性的技术。我将具体描述不同技术的拟人化特征（如安卓系统、自动驾驶汽车和日常小工具）如何提升人类积极参与的相关研究（包括我自己的研究）。（2）人类将与机器人（能够完成复杂任务的机器）形成互补的合作关系，从而有效地分配劳动。众所周知，社会学家卡尔·马克思曾经担心过度使用机器将使工人"丧失技能"，让他们变得更像机器。[21]我将在第7章介绍如何规划人类与机器的合作关系，使其能够最优化双方具备的能力。

让冲突人性化

无论是为了引导与自动装置之间的关系，还是为了维护与其他人之间的关系，人性化都是必要的。人类社会的两种极端既是我们最亲密的朋友，也是我们最藐视的敌人。二者之间——"我们"（如我们的政治党派的成员、宗教团体、种族、社会等级）与"他们"（如来自外团体的成员）之间不断加深的鸿沟，要求我们通过人性化的行动缩小与对方的距离。人类的冲突往往与弱人性化的过程息息相关，因为在这个过程中团体内的成员认为外团体的成员在价值、需求和情感能力方面都更"低级"，这两方面的因素使得暴力得以存在和合理化。

美国的前无人机操作者曾经在伊拉克、阿富汗和巴基斯坦执行暗杀任务，这个例子说明了弱人性化是如何支持反恐怖主义战争的。对无人机项目最主要的批评在于其不精准性伤害了手无寸铁的平民，包括儿童。根据该项目的一位士兵的描述，无人机将这些儿童识别为"尺寸异常的恐怖分子"，并将他们的死亡比喻为"斩草除根"。[22] 远程实施暴力（而不是通过人工驾驶的飞机实施）在无人机操作者和目标之间产生了心理距离，进而产生了持续的侵害。在技术复杂性更低的冲突中，将他人视为外团体的成员会产生这种距离感，也会造成类似的不良后果。

那么，在一个意识形态严重分离的时代，我们能做些什么呢？冲突的解决策略通常需要交战方有共同立场。然而，这些策略却忽略了一个事实，即实力不均的各方之间会不可避免地爆发冲突。因此，减缓冲突中弱人性化趋势的尝试必须考虑这种不平等性。要做到这一点就必须考虑各方不同的立场，而不是仅仅考虑各方共同的立场；必须考虑各方的个人利益，而不是仅仅考虑共同利益。这项尝试也许听起来使人退缩，但令人庆幸的是，深入的社会科学研究为我们提供了解决框架——如何差异化地处理实力强大和实力弱小的团体之间的冲突设定。我将在第8章介绍这一框架，并介绍如何利用它找到与对手之间的共同立场，即便对手是我们最蔑视的敌人。

让亲密关系人性化

人性化地对待我们的敌人需要拉近我们与他们的距离，人性化地对待我们所爱的人却需要保持甚至拉大距离。对朋友和家人，我们的语言表述通常表现出统一性。一视同仁让我们觉得与他们之间的关系更近了，但这种统一性反而会抑制双方把对方视作独一无二的个体来对待，由此产生消极的结果。我的第一个儿子阿马蒂亚出生后，我便了解到了这一点。成为一名新手父亲，我心中满是惊喜和惊奇。然而，没有什么经历比学习如何使用一种由哈韦·卡普（Harvey Karp）医生传授的、当即有效的方法让婴儿平静入睡更加魔幻了。我对我在阿马蒂亚出生之前收到的堆积如山的自学书中的内容表示怀疑，但卡普的这本附有30分钟视频光盘的书，看起来能让我更加有效地利用投入的时间。

哈韦·卡普医生的方法尤为简单，但对我而言具有神奇的魔力，因为它完全与我此前的假设矛盾——我的假设是自己希望怎样被哄睡。卡普医生的方法是轻轻地用襁褓裹住婴儿，在他的侧面轻轻拍他、推他，并在他的耳边尽量大声地发出嘘声。而我的做法却与之相反，我喜欢给婴儿穿着宽松的衣服，让他仰卧在床上并沉浸在完全的寂静之中。卡普的方法奏效了，因为它模拟了胎儿在子宫中最平静的体验。而我的假设仅仅代表了自己作为一个独特人类的特定偏好。正如我将在第 9 章呈现的，避免这种把所爱之人当作自己的复制品来对待的问题，需要通过保持适当的距离来差异化地了解每个独一无二的人。

人性的呼唤

现在就是利用科学的导向审视人性的好时机。在下一章中，我将就人类审视彼此完整人性的实践正在逐渐减退的趋势做进一步详细的阐述。在我撰写本书之初，我预期这个观点可能会令人感到意外。史蒂芬·平克在其巨作《人性中的善良天使》（*The Better Angels of Our Nature*）中指出，目前，暴力以及与之共存的弱人性化已经下降到人类历史的最低水平。在谈到种族暴力时，平克写道："不仅官方的歧视程度在降低，个体心中的弱人性化和妖魔化趋势也在减缓。"[23] 毋庸置疑，这是真实的，但针对近期全球范围内越来越严重的仇恨犯罪、恐怖主义行动及煽动性的政治言论，人们对此提出了疑问：这种下降的趋势还能持续吗？平克对问题做出了回应："关于在未来暴力行为是否会增加的问题，我的回答是：当然有可能。我的观点是，暴力行为在未来不增加是不可能的，暴力水平在下降是发生在过去的事情。"[24] 除了将弱人性化作为暴力问题的一个推论，我们还将在下一章中看到社会是如何在以一种微妙的形式向弱人性化趋势转变的。在这样的社会中，我们并没有试图积极地否认他人的人性，但在远离他人的人性。

讽刺的是，人类与外界前所未有的接触方式反而让人们远离了相互之间的实际接触。科技让我们能够实时地了解参加竞选的政治家对强制管制、移民和金融监管的看法，了解资深旅行者提供的墨尔本最好的寿司店的信息，了解关于《闪亮的马鞍》(*Blazing Saddles*)、《下一次将是烈火》(*The Fire Next Time*)和《华盖之月》(*Marquee Moon*)的专业评论和业余评论，了解朋友们一天的情绪波动——他们可能会在社交媒体上分享实时的感受。此外，科技也通过获取事实数据、定位和事先授权的银行账户号码等赋予了我们一定的控制力、确定性和预测能力。

在最近的一次采访中，电影编剧及导演哈莫尼·科林（Harmony Korine）谈到了他 1995 年拍摄的电影《半熟少年》(*Kids*)，一部被评论家们誉为城市少年的人性化肖像的作品。[25] 科林通过这样的描述来捕捉当前世界更确切的本质，他说："你永远也无法再做孩子，并不是因为它变得更难了，而是因为规则更多了……你永远也不会真正地在美国走丢了，你无法再拍摄一部公路电影，因为每个人都有 GPS（全球定位系统）……所有的科技在某种程度上都让剧本变得更加困难，因为为了让信息准确，你需要给它们定位。"我向电影制作人约书亚·萨弗迪（Joshua Safdie）请教了科技给戏剧拍摄带来了怎样的挑战，他的电影呈现了超现实的、对人们认为人性弱化的群体的人性化写照，如无家可归的人、吸毒的人、发育性残疾的人。他提示说"即便是在我们的电影《天知道》（Heaven Knows What）——一部关于流浪在纽约市街头无家可归的少年的电影中，这些孩子也能偶尔使用手机并像使用免费网吧一样使用手机应用商店的程序。因此，只要自己不想走丢，即便是无家可归的人也不会走丢"[26]。

人类失去了迷路的能力反而让我们得到了解放——我们不再依靠来自他人的指导、连接等形式的相互依赖。我认为，这种解放对重视人性的过程而言十分关键。当科技失效时，我们会重新引导自己去依赖其他人。但是人们跟随GPS的频率已经处于危险（死亡谷国家公园的管理员称之为"GPS致死"）的状态，这意味着我们将会竭尽全力寻求来自他人的导航。[27]

现在，尽管科技进步赋予了我们更多的确定性、控制力和可预测性，但其冲击同时创造出了新的不确定性。快速的变化制造出一波接一波的荒谬，而我唯一能够从中获得的安慰就是它们会让我们变得更好。我与他人共同展开的研究表明，当面对不确定性和怀疑时，人们还是会积极地向这个世界上的人类和人性寻求解答。[28] 在费奥多尔·陀思妥耶夫斯基（Fyodor Dostoyevsky）的作品《白痴》（The Idiot）中，主角梅诗金公爵说过这样的话："没有什么理由烦恼，因为我们都是荒诞的，不是吗？……为了达到极致，我们必须有所不知。如果我们知道得太快，我们就很有可能没有很好地理解它。"[29]

我相信，当下的困惑将引领我们去探索——让我们尝试通过审视这个世界的人性和人类本身来更好地认知事物，这个过程需要付出大量的时间和努力。为了继续前行，我在本书中提供了人类对人性的重视程度正在下降的证据，详细讨论了为什么重视人性如此重要，并介绍了人类如何通过独一无二的内在能力真正地做到"以人相待"。

第一部分

第 1 章

弱人性化趋势

当我写下这些文字的时候，我们的世界正在经历人道主义危机。仅仅在叙利亚，就有超过500万难民正因内战而逃离，这场战争已经夺去数十万人的生命。即便难民中半数以上是儿童，欧洲和美国投票表决的结果仍是拒绝帮助他们。叙利亚的内战始于2011年3月，这一事件真正开始受到全球范围的广泛关注却是缘于两张颇具代表性的孩子的照片。第一张照片是3岁的男童艾兰·科迪伏尸海滩，他在逃往欧洲的过程中溺亡在地中海。第二张照片是在阿勒颇的空袭中受伤的5岁男孩奥姆兰·达纳什，照片中的他刚刚从废墟中获救，面带极度惊恐的表情坐在座椅上等待治疗，上衣沾满灰尘和血污。在这场人性匮乏的难民危机中，科迪和达纳什正是人员伤亡的典型代表。我相信，这些照片代表了人性的力量——通过创造价值和道德观来影响和激励人们的行动。

在这种背景下，难民是弱人性化凸显的群体之一。2015年，美国总统候选人、现任美国住房与城市发展部长的本·卡森（Ben Carson）就把难民比喻为狗，他说："如果一只患有狂犬病的狗正在你的周围疯跑，那么你几乎不会对这只狗怀有些许好的设想，同时，你还会让你的孩子远离那个区域。"[1] 在难民大批涌入欧洲期间，时任英国首相的戴维·卡梅伦非常确切地告诉一名记者，大批难民蜂拥而至，正在尝试从法国港口加来进入英国，尽管如此，他们还是会守卫好这个门户。[2]

2016年美国总统大选期间，小唐纳德·特朗普在推特上发布了一张彩虹糖的照片，配文称："如果有一大碗彩虹糖，并且告诉你吃三粒就会丧命，你还会从碗里抓走一把糖果吗？这就是目前的叙利亚难民问题。"这仅仅是对陌生的难民弱人性化案例当中的一个。包括美国有线电视新闻网主持人克里斯·科莫（Chris Cuomo）在内的很多人立即指出这样的比喻相当弱人性化，也有人指出彩虹糖的比喻来源于1938年的一则反犹主义的儿童故事，这个故事被纳粹鼓吹者朱利叶斯·斯特雷切（Julius Streicher）称为"毒蘑菇"。[3] 两个人如出一辙，斯特雷切将犹太人视为毒蘑菇，而小特朗普将难民比作毒糖果。

由于担心叙利亚难民可能会导致伊斯兰极端分子进入美国，得克萨斯州的农业部议员锡德·米勒（Sid Miller）在脸书的一条动态中同时发布了两张照片：一张是响尾蛇，另一张则是涌上卡车的难民。他配文称："你能告诉我这些响尾蛇中哪条不会咬人吗？的确，不是所有的响尾蛇都咬人。但是，请告诉我究竟哪条不会咬人，我好带它回家。"[4] 米勒的响尾蛇比喻也和小特朗普的毒糖果相似。很多陈述都直接将难民比作狗、蛇和昆虫，把他们视为次等人类。波斯尼亚作家亚历山大·赫蒙（Aleksandr Hemon）在《滚石》（Rolling Stone）杂志上撰文指出："反映难民们冲破栅栏、涌入火车站、从渡船上倾巢而出、形象像僵尸一般的照片被出售给多家媒体，而类似的描述被媒体不断强化，置人性于无关紧要和被视而不见的境地。"[5]

对此，社会科学的研究者们并没有感到意外。例如，我和心理学家努尔·克泰利（Nour Kteily）及埃米尔·布鲁诺（Emile Bruneau）共同开展的研究揭示了为什么美国人会公然藐视墨西哥移民和穆斯林的人性。[6] 在这些研究中，我们向参与者展示了著名的"人类的攀升"影像（也被称为"人类进化史"），用五张图片展示了人类从森林古猿到腊玛古猿，到尼安德特人，再到克罗马努人，最后进化为现代人类的过程。我们要求参与者指出最能够代表不同道德和社会群体的图片。让我们感到失望的（但并没有令我感到意外）是，参与者用来代表墨西哥人和穆斯林的图片中的人类进化程度低于他们用来代表美国人的图片。与此同时，参与者们也将日本人、法国人、澳大利亚人、奥地利人和冰岛人列为进化程度低于美国人的族群。

这项研究源于我在读研期间所接受的训练，我的博士生导师尼克·埃普利（Nick Epley）和我都不满意当时弱人性化的若干度量方法。那时，我们对弱人性化的测度依赖于受访者对抽象问题的回答。但是，我们认为需要有一种更具象化的力量来解释弱人性化的具体现象。因此，我们提出了一种测度。几年后，我们又在一起喝咖啡时，尼克·埃普利向我解释了他如何大量地在研究中使用这种测度，并在全球范围内揭示了人类是如何表现出对其他种族在人性上的藐视的。

在后来的研究中,克泰利和布鲁诺证明,通过把墨西哥人描述为处于次等进化程度的弱人性化的人,"人类的攀升"测度很好地预测了随后的消极结果。[7]人们越是通过这种方式公开地貌视墨西哥人,就越是认可这一类的陈述。例如他们认可"应当拘留非法入境的外来者并将其遣返,不应当重复地抓获释放",也更愿意签署反对移民的请愿书。对穆斯林公然的弱人性化评价在"人类的攀升"测度下也很好地预测了反穆斯林的态度(例如,认同"穆斯林是国家潜在的毒瘤"一类的陈述),他们更加愿意签署敦促国会通过限制穆斯林入境的禁令的请愿书。最令人担忧的是,随后克泰利和布鲁诺对拉美裔和穆斯林参与者展开的研究显示,这一群体已经意识到自己被弱人性化对待,尤其是察觉到共和党人认为他们是次等人类。这种对弱人性化的感知让这些群体更多地支持暴力的集体行动,并拒绝参与反恐怖主义的行动。因此,这项研究揭示了弱人性化是如何助推了不同群体之间的怀疑和冲突持续存在的。

人们若感受到被弱人性化,会通过自卫来维护自己的组织,进而维护自身的人性。例如,2012年,以色列对加沙地带实施了连续八天的袭击,巴勒斯坦的工程学学生艾哈迈德·萨巴尼说:"我们想让他们知道,当他们无情地攻击我们时,当他们像对待动物一样对待我们时,我们也会反抗。"[8]这种弱人性化和暴力回应的循环解释了为什么以色列和巴勒斯坦之间的冲突如此棘手(尽管如此,我们仍将在第8章提出缓解这些冲突的方法)。

在加拿大展开的研究则显示,无论是难民还是移民,都面临来自美国北部边境的恶意的弱人性化，尤其针对穆斯林。由加拿大西安大略大学的心理学家维多利亚·埃谢什（Victoria Esses）及其同事开展的调研显示，很多加拿大人都赞同此类陈述并采用野蛮的措辞来描述难民，同时，他们拒绝认可这样的陈述——"难民将孩子培养成有人性的人"[9]。在针对微妙的社交媒体描述如何助推弱人性化的研究中，埃谢什及其同事要求受访者阅读一段新闻短文，短文中包含了一幅内容毫不相关的社论漫画——一位移民正提着箱子来到加拿大的移民局。[10] 一部分受访者看到的漫画中的箱子上贴着疾病的标签，例如艾滋病和重症急性呼吸综合征；另一部分受访者看到的箱子上则没有这些标签。当被提问时，受访者几乎想不起来漫画的内容。然而，在他们随后完成的评价移民的调查中，那些看到贴着疾病标签漫画的受访者表示移民缺乏核心的人类价值感，并认为他们是野蛮的。

布鲁克大学（同样位于安大略省）心理学家戈登·霍德森（Gordon Hodson）和金柏莉·科斯特洛（Kimberly Costello）考察了"传染"忧虑与移民的弱人性化之间的联系。[11] 该研究显示，穆斯林移民的弱人性化来源于人内在的反感——根据参与者赋予其独立人的特征（例如开放、良知）的意愿测度来考量。霍德森和科斯特洛要求参与者描述处于不同的场景时，他们是如何产生反感的（例如，"当乘坐一辆公交车时，你感觉到座椅上仍然有前一位乘客留下的余温"）。受访者对这类场景所表达的反感程度越高，他们就越是将移民弱人性化。这一发现揭示了害怕被传染疾病和弱人性化之间的联系。

作家安德烈娅·皮泽（Andrea Pitzer）撰写了一部详细记载集中营历史的作品，描述了19世纪末对疾病和公共健康的聚焦如何催生了集中营。她指出："疾病的微生物理论揭示了传染的本质及疾病传染的方式……但是，启蒙运动的理性和效率也会和非理性的恐慌与无知混合在一起，让人们认为疾病是人的一种内在属性。"同时，她描述了20世纪初从英国的出版业到德国的电影业，人们是如何使用"堕落、玷污和疾病等语言来刻画移民，尤其是犹太人，带来的风险的"，如何将犹太人视为"污秽和疾病"。[12] 如今，这种关于外来者疾病论的言论仍然存在。唐纳德·特朗普发出警告，移民会"充斥"美国。[13] 波兰的右翼政党领袖雅罗斯瓦夫·卡钦斯基（Jaroslaw Kaczynski）也反对难民的进入，他指出："已经有迹象表明疾病正在增加，这种情况极其危险，并且已经很长时间没有在欧洲出现过，想一想希腊的霍乱和维也纳的痢疾。"[14] 尤为令人担忧的是，人们想要消除这种传染恐慌与弱人性化移民和难民之间的联系。

相关研究也探讨了媒体如何助推了对移民和难民的弱人性化表述的使用。政治学者斯蒂芬·乌蒂奇（Stephen Utych）在他的学术论文中分析了2010年4—5月刊登在《纽约时报》上的以亚利桑那州反移民提案为主题的文章——亚利桑那州于2010年4月23日通过了该反移民提案。乌蒂奇发现，在这些文章中，有近1/3的比例针对移民问题使用了弱人性化的语言，将移民视为动物、害虫、自然灾害或者病毒。[15]

正如这些研究所清晰展示的，对移民和难民公然表现出的弱人性化态度是阴险的。在叙利亚难民危机中，一些欧洲右翼政治运动滥用了对这些外国人的弱人性化描述，或是将他们视为次等人类，或是将他们视为疾病的先兆和野蛮人。这些运动包括英国的脱欧公投（就英国是否脱离欧盟而进行的公投）和法国的极右翼政党"国民阵线"的崛起。作为回应，更多的社会民主团体开始主张欢迎移民和难民进入美国和欧洲。

围绕外来者的自由主义观点原本是反对弱人性化的，但是它们往往透露出不同的、微妙的和无意识的弱人性化信息。他们将移民和难民视为商品而不是人，认为他们有权拥有尊严和自由，同时却忽略了他们为社会做出的贡献。例如，自由主义网站赫芬顿邮报上发表过很多关于移民和难民对经济产生积极影响的文章，文章的标题有"移民有利于经济增长：如果欧洲能够正确应对，难民也会有利于经济增长""欧洲最需要的且最害怕的——移民""安置难民不会摧毁美国经济""接收难民的经济案例正在（再次）加强"。其中，大量的文章参考了国际货币基金组织于2016年1月开展的一项关于近期难民涌入欧盟国家问题的研究，该项研究显示："（难民的涌入）预计对欧盟国家国内生产总值产生微小的正向影响，而对于难民涌入比较集中的国家，这一效应更加显著。"[16] 难民的主要目的地包括奥地利、德国和瑞典，这些国家成为最大的受益者，主要因为其对寻求庇护者财政支出的增加及劳动力供给的增加。根据国际货币基金组织的报告，难民的经济效应是微弱的，而且可能会长期处于这一状态。尽管如此，移民和难民的支持者仍将其对经济增长的作用作为重要的话题焦点。

这些信息背后的动力是消除人们对于"外来者"会通过依赖社会福利而"偷走"工作机会或是耗尽经济资源的焦虑。这条信息同样有助于提升移民和难民的社会形象——他们也为社会做出了贡献。类似的观点还包括对难民和移民的后代在美国军队服役的称赞。但是，这些信息也显示他们仅仅被当作推动美国繁荣的工具。因此，这种做法事实上也是从经济价值的角度对难民和移民使用了弱人性化的表述。

类似以经济影响为主题的信息传递还有另一个惊人的例子，即苹果公司联合创始人史蒂夫·乔布斯的文化基因显示他是叙利亚难民。其中一个版本的涂鸦（以不同的变种形式在大量生产）被分享近 90 000 次，由一个名叫"占领民主党"（Occupy Democrats）的脸书自由团体发布："史蒂夫·乔布斯是叙利亚难民的儿子……当共和党说我们不应当接收难民的时候，别忘了这件事。"《国家》(The Nation) 杂志的撰稿人约翰·尼科尔斯（John Nichols）也在推特上发布文章称："那些建议取消难民禁令的人可能是考虑到了这一点：史蒂夫·乔布斯是叙利亚移民的儿子。"[17] 连著名的街头涂鸦艺术家班克斯（Banksy）也接受这个理由，在加来难民营的墙上画了一幅史蒂夫·乔布斯的肖像。班克斯笔下的乔布斯身着其标志性的黑色高领衫和蓝色牛仔裤，一只手扶着肩膀上扛着的麻布袋，另一只手提着一台最初版本的苹果电脑。在一份公开声明中，班克斯写道："我们一直被这样的声音洗脑，觉得移民会消耗国家资源，但是史蒂夫·乔布斯就是叙利亚移民的儿子。苹果公司是世界上最赚钱的公司，它每年上缴的税款多达 70 亿美元——这一切都是因为美国接纳了一位来自叙利亚霍姆斯的年轻人。"[18]

除了暗示乔布斯的父亲是一个难民（事实上他是移民），班克斯的陈述指向错误的方向和弱人性化也令我感到震惊。在班克斯的涂鸦和乔布斯的文化基因背后，更普遍的问题是难民和移民拥有的是经济价值，而不是作为人的尊严。这些内容和关于移民和难民安置的经济论点是一致的。正如涂鸦艺术家所言，今天的叙利亚难民中可能诞生出下一位伟大的创业者，而下一个苹果手机的创意或许就来源于驶离拉卡基亚港口的一艘小船。班克斯为宿舍楼的墙面和大学新生的理性思考提供了素材，但是其观点背后的逻辑立足点却是创造出财富资本的外来者比没有创造出财富资本的外来者更值得拥有权利。这些论点与哲学家伊曼努尔·康德的基本原则（将在第 3 章中讨论）相去甚远，他认为人类应当以自身为终点，而不是成为通向其他终点的工具。

最近，针对唐纳德·特朗普在驱逐移民方面采取的史无前例的煽动性行动，餐厅老板、电视节目主持人安东尼·伯尔顿（Anthony Bourdain）也表达了相似的意见。对于特朗普针对墨西哥移民的计划，伯尔顿说，在他 30 年的餐饮行业从业经历中，"那些干得最久的人、那些愿意花时间向我展示他们是如何完成工作的人通常都是墨西哥人或中美洲人。他们是这个行业的中坚力量……曾经是，而且一直都是……而每个美国孩子走进我的餐馆都只是告诉我，他想要找一份晚间服务员或者刷碗工的工作"。伯尔顿还称，如果特朗普真的驱逐了 1 100 万移民，那么"美国所有的餐馆就得关门了……他们会无计可施……要找到能够承担这些工作的人非常困难"[19]。伯尔顿的陈述支持这些人：他们并非生来就能享受美国人的好生活，却愿意为美国餐饮行业的发展承担枯燥乏味的工作。但同样，这样的陈述进一步强调了移民的经济价值，而非他们作为人的内在价值。

与班克斯和伯尔顿类似的经济价值观点都把人作为有待开发的潜在资源储备。当然，人们也经常利用这样的观点来影响移民和难民安置的反对者。然而，以这种方式，他们并没有承认移民和难民作为人本身的核心地位。这些有关经济价值的观点将移民问题的讨论放置在成本与收益的分析框架内，完全没有考虑移民人身自由的道德问题。过去40年间，这种将道德问题映射到市场条件的趋势，即市场化趋势，正在全球范围内越来越多地主导着社会发展，而它也代表了能够证明弱人性化趋势在逐步上升的四大支柱之一。这一点需要展开分析，我将在下文逐一论述。但首先需要明确的是，我们需要对弱人性化的定义进行更深入的讨论。随后，我将展示40年来弱人性化趋势的实证，并指出该趋势中的市场化以及其他三项支柱——阶层分化、两极化及自动化。这些内容共同构成以下观点讨论的基础：弱人性化是需要逆转的趋势，以及经过科学论证的策略可以实现这种逆转。

定义弱人性化

要定义弱人性化需要先定义人。人被定义为意识的载体，哲学家们对这一概念基本已达成共识。[20]早在6世纪，思想家波爱修斯就将人定义为"理性本质的个体存在"。更加现代的定义同样反映出意识的中心地位。[21]在1972年的一篇探讨堕胎和生命权的论文中，哲学家迈克尔·图利（Michael Tooley）指出，人"拥有自我的概念，这个自我是一个持续存在的经验和其他心理状态的载体，并且相信这个自我是一个持续存在的物体"[22]。在1980年另一篇关于堕胎的文章中，哲学家乔·范伯格（Joe Feinberg）则认为："人是具有认知的存在，拥有对自我的概念和感知，有体验情感的能力，能够推理和获取认知，能够提前制订计划并按照计划采取行动，而且能够感受喜悦和痛苦。"[23]在哲学家H.特里斯特拉姆·恩格尔哈特（H. Tristram Engelhardt）1986年讨论生物伦理学的论著中，他提到"人与人之间的区别在于其自我认知、理性和对责备与赞扬的关注能力"[24]。这些定义的共同主体都是意识及意识的两个维度，尤其是经验与能动性。经验是指感觉、情感和欲望，而能动性是指意向性、目标、思维和推理。

具有批判性的是，哲学家关注的是什么真正构成了一个人，心理学家则更关注人们如何感知这些构成。例如，在我和研究生沙恩·施维特（Shane Schweitzer）所做的一项研究中，我们要求数百位受访者写下人与动物以及人与科技的区别。当将他们提供的文本中使用的不同类型的词语进行分类时，我们发现与能动性和经验相关的词语（如"感觉"和"感知"）的使用，在统计意义上达到了显著的水平。[25]

和哲学家们一样，2007年的一项研究为人们每天所使用的能动性—经验的意识概念化提供了最权威的实证。[26]这项研究由心理学家希瑟·格雷（Heather Gray）、库尔特·格雷（Kurt Gray）和丹尼尔·韦格纳（Daniel Wegner）[后两位为感知他人意识领域的权威著作《人心的本质俱乐部》(The Mind Club)的作者]共同开展，他们要求人们基于心理特征评估不同的事物——从机器人到死人、从青蛙到儿童、从上帝到成年人。格雷及其团队发现，人们的评估可以分为两个维度——经验维度和能动性维度。在他们的调查中，人们通过不同程度的能动性和经验来感知目标，例如给出这样的结果：青蛙的能动性低但经验多，机器人的能动性高但经验少。人们在评估过程中唯一给出了满分能动性和满分经验的对象是成年人。由此，我们可以知道感知外界能动性和经验可以代表人性化的核心，而否认或者忽视外界的这种能力就代表着弱人性化。

尝试定义"人"是一项艰巨的任务。说到"人"，我们脑海中能想到的画面可能是一幅人的简笔画，或一张人的面孔，但是要将这个画面转换成文字就困难得多了，而且人们对于一些边缘情形中的主体是否应当被划归为人类的看法差异非常大。胎儿是人吗？干细胞或植物人是人吗？我也不确定自己能否给出确定的答案。尽管存在这种可变性，但是我们若想对定义"人"的问题有所研究，就会形成一种一致的模式。

除了格雷他们三人的成果，其他研究也显示很多人都将"人"等同于"意识"。澳大利亚心理学家尼克·哈斯拉姆（Nick

Haslam）的大量研究表明，人们通过两种类似于能动性和经验的维度对人进行概念化，即人的唯一性和人的本质。人的唯一性指人们认为人区别于其他动物（如寄生虫）的方面，包括自我控制、智慧和理性。人的本质指人们认为人能够作为人（区别于机器人）的核心品质，包括人与人之间的关怀与情感。[27] 同样，这些维度也集中于意识，否认这些人的特征就意味着否认人具有经验和能动性。

另一项由比利时心理学家雅克-菲利普·莱恩（Jacque-Philippe Leyens）开展的研究也论证了意识是人们定义何为人的核心。莱恩的研究成果显示：一方面，人们相信人可以独立地经历情感，如乡愁、乐观和羞辱[28]；另一方面，人们相信恐慌、惊喜和害怕等情感并不是人类独有的，低等动物也有类似的情感。同样，这些评价仅仅反映了人类的信仰，并不能成为证明这些情感跨物种存在的确凿证据。这些信仰的来源尚不明确，但我猜想它与人们对情感反应的相对程度有关——人们对外界的反应和对自我的反应。恐慌、害怕和惊喜都代表了由外部事件触发的情感，并且得以表现在行为反馈中（如发抖），乡愁、乐观和羞辱则包含了人们的自我反省。根据莱恩的观点，当人们完全否认人类对他人的情感时，弱人性化就出现了。这些情感也就是那些需要人类的心理活动参与的内容。

提及人的概念时，人们所认为的构成人的内容或许并不是真实发生的情况。幸运的是，除了参与者的主观回答，神经科学领域的研究也为我们提供了证据。该领域的研究显示，大脑的不同区域可以观察到不同的影响，或者说大脑的不同区域在参与其他思维活动时会做出不同的具体反应。20 年的神经科学研究成果显示，人们在思考他人的心智（他们的偏好、信仰和欲望）时，大脑的特定区域会做出反应，这个区域被称为心智化网络（mentalizing network），它包括内侧前额叶皮质、楔前叶/后扣带皮质和颞顶联合区。

用于识别这个大脑区域的经典神经影像学研究，通过脑部扫描仪来观察实验参与者的脑电波，通过数百次的实验在电脑屏幕上观察随时发生的刺激（如形状、词语、物品或人脸）。多次研究证明，无论是要求实验参与者推理与人相关的内容还是与物品（如工具、乐器）相关的内容，心智化网络这一区域都会有所反应。[29] 正如人们所预期的，当参与者被要求评估某个对象的心理特征（如其是否"好奇"）或物理特征（如其是否有动脉）时，心智化网络这一区域就会活跃起来。[30] 甚至有研究指出，人们在电脑上玩石头—剪刀—布的游戏时，这一区域在对手是人类时的表现比对手是机器时的表现更活跃。[31]

20 年来对人类大脑的复杂研究的寓意在于在人们思考人类时，他们事实上是在思考意识。心理学家拉萨纳·哈里斯（Lasana Harris）和苏珊·菲斯克（Susan Fiske）开展的神经影像学研究显示，当人们想到那些通常被弱人性化的社会群体（如流浪者或吸毒者）时，大脑的心智化网络这一区域没有他们想到其他群体时么活跃，例如奥林匹克运动员或美国的中产阶级。[32] 我所主持的研究也表明，当人们以更加人性化的方式思考科技时，心智化网络这一区域也比他们以非人性化的方式思考科技时活跃。[33] 在这项研究中，我们向配备了脑部扫描仪的实验参与者描绘不同的人性化装置（例如靠轮子移动的会眨眼的闹钟，它可控制自身的移动）和机器化装置（例如由用户控制的空气净化器）。当参与者对比人性化的科技和机械化的科技时，相同的大脑区域在思考其他人的意识时表现得更加活跃。

这项脑研究进一步说明了感知他人或具有意识的对象是人性化的核心。进一步拓展，这项研究也揭示了忽略他人的意识是弱人性化的核心。接下来，我们将探讨支持人性化趋势在过去 50 年有所下降而弱人性化趋势有所上升的证据。

弱人性化趋势的证据

你或许已经听说人们彼此之间变得越来越疏远，或许你也在为此叹息——年轻人不再像父辈那样给父母打电话或是与父母通信。也许你也在猜想隔壁的药店或是酒吧发生了什么。也许你也曾经想知道，在这个人们甚至不会把目光从智能手机上移开、善意地看着咖啡师为我们冲泡咖啡的时代，要如何才能解决巴以冲突。我们能够感知弱人性化就在我们身边，而随着时间的推移，我们也感受到它使人们越发疏远。然而，感觉并不足以证明我们彼此是否真的被割裂，或者这种诺曼·洛克威尔（Norman Rockwell）式的回顾——对过去场景理想化的刻画——仅仅是一种每代人到了一定的年纪就会有所期待的东西。相反，我们必须找到证据。

事实上,要证明过去几十年的弱人性化趋势,需要挖掘不同的数据来源,从中考察各式各样的"代替"人们人性化倾向的变量。由于没有研究直接度量过去的人性化过程,我们必须寻找最接近这个概念的变量。同理心就是最接近的代理变量,因为它与人们参与他人意识的活动相关。尽管社会科学家对于如何准确地度量同理心存在争论,但我认为心理学家贾米尔·扎基(Jamil Zaki)和凯文·奥克斯纳(Kevin Ochsner)提出的三元定义确切地刻画了这一概念。[34] 根据他们的定义,同理心包括心智化(即考虑他人的看法)、经验分享(即感同身受地分享他人的情感)和表现出亲社会的关注(即表达出希望改善他人福利的意愿)。这三种过程都假设了人们会考虑他人的意识,而这正是人性化背后的核心过程。

同理心的相关研究得出支持弱人性化趋势上升的证据。例如,心理学家萨拉·康拉斯(Sara Konrath)展开了一项著名的研究,结果显示 1979—2009 年大学生自主报告的同理心存在减弱的趋势。[35] 该研究分析了 72 个美国大学生样本(总样本数量为 13 737),他们被要求完成一份经过充分论证的调查问卷,问卷要求学生们报告不同的陈述是否较好地描述了他们的状态。这些陈述直接与共情关注(一个接近亲社会关注和经验分享的概念,例如"对那些不如我幸运的人,我常常怀有温柔的、关切的感觉")和观点采择(一个接近心智化的概念,例如"我有时候会尝试站在他人的角度想象事物的状态以更好地理解我的朋友们")

相关。³⁶ 康拉斯分析发现，随着时间的推移，共情关注和观点采择都减弱得非常快，由此反映出学生们参与他人意识的意愿和趋势都显著地下降了。

心理学家简·腾格（Jean Twenge）的相关研究也支持弱人性化趋势的存在。腾格费尽心思地考察了美国20世纪70年代到21世纪初的调查数据，分析发现人与人之间已变得更加个体化。个人主义代表了一系列特征的集合，包括自恋、不信任他人、犬儒主义、自以为是、物质主义，以及那些总体而言使人远离他人的特征。在腾格的著作《我一代》（Generation Me）中，她这样描述这种现象："自我的一代相信，自我是最重要的，他们对此的确信已经近乎厌倦，因为它毫无争议。"³⁷ 这种个人主义将人们从与他人接触的需要和依赖中释放出来。虽然学者们对这种趋势的强度存在争论³⁸，尤其是那些认为相较于20世纪80年代的一代，自恋趋势有所下降的学者，数据的结论倾向于揭示出这一世代是更少参与社会和潜在地更加弱人性化的一代。³⁹

康拉斯和腾格的研究都认为新的年轻一代更倾向于不与他人进行深度的接触，反映出他们在社区生活中更广泛意义上的撤退。或许，没有学者比社会学家罗伯特·帕特南（Robert Putnam）更好地论证这种下降趋势。在其2000年的著作《独自打保龄》（Bowling Alone）中，他描述了1950年至20世纪90年代末美国人社会资本的减少。在此背景下，社会资本意味着参与公民组织，如宗教组织、美国童子军及工会。这些广泛意义上的社区趋势和基本层面的社区活动相对应，如和朋友相聚、玩纸牌或与家人相聚。帕特南认为，这些下降的趋势反而助推了人们变得更加独立。帕特南指出了一些导致这些趋势出现的潜在原因，包括女性进入劳动力市场，从而限制了人们参与社区活动的时间，例如加入家长教师协会或女性选民联盟。他同时指出，流动性增加的趋势同样存在，而人口统计特征的转变，如离婚率的增加和子女数量的减少，以及由科技引发的"闲暇方式的改变"，如电视机和其他装置，让人们在休息时间的活动变得更加个体化和非社区化。[40]

2010 年，帕特南重新考察了这一趋势，进一步完善了其最初的发现：他注意到年轻人在"9·11"事件后变得更具社会意识[41]，但是这种转变仅仅出现在中上层阶级的年轻人中，他们更多地参与到社群当中，与他们同时代的富裕阶层的年轻人形成了鲜明的对比。帕特南还报告了美国成年人不再更多地参与社群活动，这一点与他在 2000 年观察到的现象是一致的。

一种与社会资本下降相伴而生的现象是对他人一般性信任的减弱，而这种减弱在最近几年一直在持续。综合社会调查是针对美国公民进行的具有全国代表性的调查，其问卷长久以来一直包含这样一个问题："一般而言，你认为大部分人都是值得信任的吗？或者你认为在生活当中再认真也不为过？"帕特南观察到，这个问题的答案在 20 世纪 70 年代初分歧较大，并且直到 1998 年肯定答案的数量都显著下降，到 2012 年仅有 30% 的受访者认为他人是值得信任的。[42] 虽然学者们指出了很多可能导致信任减少的原因，其中最可靠的原因却是收入不平等的加剧[43]，我将在下文对此做进一步的讨论。

这里有两个要点。第一个要点是在此重申，我所引用的现有研究，没有任何一项直接对弱人性化本身进行了测度。到目前为止，同理心的减弱代表了弱人性化趋势，因为它说明人们在远离他人的想法、感受和情感。腾格和帕特南分别描述的上升的个人主义和下降的社会资本则代表了独立性的增强，而我认为这是弱人性化出现的根本原因。独立性是依赖性的反义词，依赖性是指一个人的目标依赖于另一个人的状态。在我早期与我的博士研究生导师尼克·埃普利及约翰·卡乔波（John Cacioppo）开展的研究中，我们就证明了人们在相互依赖的状态下更倾向于表现出人性化。这意味着我们在寻求与他人的联系及尝试理解他人的行为时，会花更多的时间考虑他人的心理状态，并将对方作为完整的人来对待。[44] 腾格和帕特南描述的现象则揭示了人们逐渐拒绝寻求与他人的联系，并且非常明确地向更具独立性转变。

第二个要点是独立性并不等同于孤独，尽管相关研究指出过去几十年中孤独感同样呈现稳定上升的趋势。[45] 孤独感（与他人分离的主观社会隔离）和独立性（与他人分离的自由）并不是完全相关的，但大部分关于社会隔离的研究认为，相较于 40 年前，如今人们的社会参与程度更低。[46]

另一个自然而然出现的问题是越发显著的分离趋势是否只是美国的现象。虽然截至目前所展示的数据都来自美国，但同样有证据显示，近几十年，个人主义趋势在全球范围内都有所上升。世界价值观调查是一项针对人们的价值观、观点和信仰展开的全球性调查，1981 年起已经在全球 100 个国家开展。调查结果显示政治学家克里斯琴·韦尔策尔（Christian Welzel）提到的个性解放价值观存在上升的趋势。这些价值观包括对个人选择、自由和自治的偏好，它们也正是个人主义的核心。韦尔策尔在其著作《自由的兴起》（Freedom Rising）中指出，在数据可得的被考察对象中，几乎所有国家在过去30年都出现了个性解放价值观增强的情况。[47] 世界价值观调查通过一些问题来测度这些价值观，如询问人们对言论自由、性别平等以及对离婚和堕胎的容忍程度等问题的看法。换言之，个性解放价值观刻画了在不考虑他人的观点和反应的情况下，人们对个人做出自治性选择的权利的关注程度。

通过考察世界价值观调查和1960—2011年人口普查的数据，心理学家亨利·桑托斯（Henri Santos）的研究也印证了人们向个人主义的转变。桑托斯及其团队发现，在53个国家中，个人主义的价值观（例如认为培养孩子的独立性非常重要）和实践（独自居住）的程度在此期间上升了12%。并且，这种个人主义的模式甚至出现在拉丁美洲和亚洲这种传统意义上推崇集体主义的地区，这些地区通常被认为优先考虑群体价值而非个人价值。[48]

更重要的是，该研究所测度的个性解放价值观和个人主义价值观并不是直接对应自私或自负的，也并不等同于对他人的敌意。我通常将个人主义作为一种"和平共存"的哲学，在这里，人们平等地尊重每个人，也不会认为自己有义务深度地或是有意义地和其他人相处。提到个人主义，我会想到我在芝加哥北部的邻居，他们的草坪上插着指示牌，在社区的脸书上发布动态，在咖啡店交流对平等的拥护，并骄傲地展现出对移民、非异性恋（LGBT）社群和无家可归者的支持。然而，当需要就是否赞成将附近的一处公寓改造为戒疗所进行投票时，大部分人都投了反对票。戒疗所用于收容那些吸毒、酗酒成瘾的人。一位网络留言者写道："这就像是允许居民在街头群居一样。我们不需要增加一个那样的设施。"另一位留言者则讽刺地指出："潜在购买者会喜欢隔壁的戒疗所，正在恢复期的瘾君子和我的孩子们一起玩儿——快买下它吧！有巨大的增值空间。"换言之，个人主义也代表了一种包容："我们包容每个人，但我们没有必要住在他们旁边。"

以上，我们提供了过去50多年甚至更长时间以来独立性和远离社会参与程度处于上升趋势的初步证据，接下来让我们进入这些趋势中显现的微妙的弱人性化现象，讨论构成弱人性化的四大支柱。

市场化

正如本章前面提到的，第一个支柱是全球向市场化发展的趋势，这也是自由市场经济在全球兴起的必然结果。对于自由市场经济，我这里所指的是通过开放性的竞争和消费者的支付意愿来决定产品和服务价格的经济系统。尽管这些系统具有经济效率，但其仍然会对人与人之间的关系造成潜在的负面影响。正如政治哲学家迈克尔·桑德尔在《金钱不能买什么》[1]中所述，在过

---

[1] 本书中文版已由中信出版社于2022年1月再版。——编者注

去30年中，他称之为"市场必胜信念"的东西侵蚀着人与人之间的关系。桑德尔描述道，在传统意义上，关系是依靠道德和社会规范（社群、公平和互惠的概念）来运行的，而现在，关系是基于市场交换（即买和卖）来运行的。他说："对生活中的各种好东西进行明码标价，将会腐蚀它们。那是因为市场不仅在分配商品，还在表达和传播人们针对交易商品的某些态度。"[49] 而在这种语境中，我们的社会关系就是"用于交换的商品"。从交易的、买卖双方的角度来对待社会关系从根本上是以弱人性化的方式在改变它们。

事实上，拉萨纳·哈里斯开展了一项非常聪明的研究，其创造了一个劳动力市场，参与者在这个市场中可以"购买"他人来完成以时间计价的任务。[50] 每个参与者可以获得25美元的禀赋资源用于购买5个人（但他们几乎不了解这5个人的信息），而且参与者知道他们会基于被购买者的表现获得额外的收入。基于此，参与者现在把这些人当作商品，而当参与者随后佩戴脑部扫描仪看到这些被购买者的脸时，仪器显示他们的心智化网络这一区域不活跃，说明存在弱人性化现象。

理解这个过程是如何运行的需要了解人类学家艾伦·菲斯克（Alan Fiske）研究得出的具有重大影响力的成果。菲斯克开展了非常详细的跨文化研究并证明，在全球范围内，所有的社会关系都可以用四种模式来刻画：共同分享（人们平等地关心他人，如亲属关系）、权威排序（人们以一定的等级方式相处，如学生与老师的互动）、平等匹配（人们希望相互回报关心和交流，如在工作中被分配需要共同完成报告的同事）和市场定价（人们的关系基于在以货币为基础的交易中所获得的效用，如买卖双方）。⁵¹ 前三者均由群体团结的社会规范（共同分享）、对权威的尊重（权威排序）和平等主义（平等匹配）主导，只有市场定价模式是以市场规范为基础运行的。

菲斯克从传统意义上解释了当人们无法与他人构成某种社会关系时，弱人性化就出现了。但是，我认为市场定价中只是出现了弱人性化。市场定价是从财务和工具价值的角度考虑问题的，而不是从它们作为人类的纯粹价值出发。

我已经就班克斯和伯尔顿所提炼的难民特征如何符合市场定价的模式进行了说明，让我们继续探究另外两个例子，以更直接地阐释市场化过程中的弱人性化。第一个例子来源于迪士尼乐园。多年来，流行主题公园都奉行这样的政策，即每个景点都允许残疾人走辅助入口以优先乘坐设施。据《纽约邮报》报道，富有的曼哈顿妈妈们参与到一项雇用"黑市"残疾人向导的行动中，为他们一天 8 小时的工作时间支付超过千元的报酬。⁵² 即便获得了本人的同意，这种行动也将这些残疾人物化了，把他们当作了其他人支付不起的奢侈品。

第二个市场化造成弱人性化的例子出现在得克萨斯州奥斯汀举行的流行音乐、电影和多媒体节"西南偏南"（South by Southwest）上。2012 年音乐节期间，营销公司百比赫让无家可归者佩戴了无线导览设备，将其作为移动的无线局域网热点来使用。这些人穿着的 T 恤衫上面写着：

我是（人的名字）

一个 4G 热点

SMS HH（人名的姓氏）

接入请拨打 25827

www.homelesshotspots.org

参加音乐节的人如果要使用无线网络服务，需要支付每 15 分钟 2 美元的费用，佩戴设备的无家可归者可获得这些资金。有人可能会慷慨地将这种行为理解为为无家可归者提供资金帮助，并让人们看见他们的工作。但是，更多的观察者将此视为一种广告推销。这两个例子都说明了市场化是如何将人们与社会中两个最脆弱的群体——残疾人和无家可归者之间的互动转化为价值创造的。这两个案例都是比较极端的例子，更加实际的例子是工人们所面临的困境。无论是不得不在车里睡觉的优步司机，还是暴露在磷酸中的汽车工厂工人，他们的经历都是他们被作为商品来对待。这就是市场化的本质。

两极化

弱人性化趋势的第二个支柱是政治两极化，这个现象已经在美国达到顶峰，而自由派和保守派的分歧还在日渐加剧。国会的两极化已经达到创纪录的水平。[53] 总统支持率一度显示乔治·W. 布什和巴拉克·奥巴马是历史上分化最严重的总统。[54] 在他们的执政期之后，唐纳德·特朗普出任总统，就两极化程度而言，他超越了前两位。[55]在政治出版界，党派媒体的偏见接近历史最高水平。[56]皮尤研究中心2016年的一项研究显示，普通民众的政治两极化达到了25年来的最高程度。[57]调查显示，无论是民主党还是共和党，都认为对方是邪恶的、思想封闭的、不诚实的和懒惰的。研究还发现，社交媒体会加剧这种两极化。当讨论不同的话题时——从总统选举到2012年纽顿的校园枪击案，推特用户或是为自由集结，或是成为保守派回应的内庭。[58]

这种两极化代表了不同的政治派系之间不断扩大的社会距离，这种距离会降低人们的容忍程度与考虑他人想法、感受和动机的意愿。在与心理学家利安纳·扬（Liane Young）和杰里米·金杰斯（Jeremy Ginges）共同开展的研究中，我们发现，民主党人和共和党人都在以一种非常具体的方式将对方弱人性化，即双方都相信对方是被仇恨驱动的，认为对方相对缺乏爱的能力。[59]我们将这种现象称为动机归因的不对称。

其他研究进一步论证了人们没有考虑到政治对手所表现出的基本感知能力。心理学家埃德·奥布赖恩（Ed O'Brien）和菲比·埃尔斯沃思（Phoebe Ellsworth）的研究显示，民主党人和共和党人都假定与自己的政治观点相反的人冬天站在室外也不会感到寒冷，或是吃了咸味零食也不会口渴——尽管这些经历具有非常表面化的普遍性。这些研究的参与者的确无法意识到，意识形态不同的人也会体验到相同程度的寒冷和口渴。[60]也有研究显示，民主党人和共和党人会评价对手党派缺乏进步甚至不具备意识。[61]

当然，2016年总统大选以来，弱人性化的言辞在政治讨论中的使用有逐渐升温的趋势。两派的政客都将对方描述为愚蠢的人，而并未将讨论聚焦于政策差异。例如民主党人将特朗普的支持者描绘为偏执狂、散播错误信息的人、对事实盲从的人，希拉里·克林顿更是将其嘲讽为一群"无耻之徒"。[62] 同时，共和党人也将希拉里·克林顿的支持者描绘为冷漠的、不道德的、没有意识到美国人的真实困境的人。在控诉希拉里的支持者利用燃烧弹袭击位于北卡罗来纳的共和党总部时，特朗普非常不客气地称她的支持者为"动物"。[63] 两个政治派系之间不断加剧的分歧仍在持续，揭示出更广泛意义上的弱人性化趋势的结果和起因。

阶层分化

弱人性化趋势的第三个支柱是阶层分化，表现为全球范围内出现的收入不平等。收入不平等拉大了社会中有产者和无产者之间的距离。经济学家托马斯·皮凯蒂在其著作《21世纪资本论》中清晰地介绍了这些趋势。[64] 皮凯蒂展示了相关证据，说明自20世纪40年代中期以来，美国最富有的10%居民所拥有的国民收入份额在稳步增长。近期的分析也显示这一趋势仍在持续。即便是任意选择你最喜欢的统计数据——平均收入、家庭拥有的资产净值或是财富（不动产加上金融资产减去负债），每个数据都显示，在过去50年中，社会中最富有的阶层和最贫穷的阶层之间的差距在不断扩大。⁶⁵ 值得关注的是,2008 年经济危机之后的经济复兴行动对于缩小超级富裕阶层和其他阶层的差距,作用甚微。

尽管支持阶层分化加剧的统计数据非常充分,但它们对于解释下层社会和上层社会的社会分化及其内在所带来的弱人性化并不充分。不仅可从收入维度方面考察,社会经济地位偏低的阶层和偏高的阶层在很多维度上都存在差别。例如,更偏好古典音乐还是重金属音乐,更偏好消费有机食品还是加工食品,对抽烟及不同道德信仰的偏好,这些差距都会让两个阶层之间的连接越来越困难。而且,城市郊区和中产阶级的扩张意味着美国的贫穷问题更加集中,在过去 20 年中,穷人和富人在地理分布上更加远离对方。⁶⁶ 穷人与富人之间(事实上是所有的人与人之间)在物理上和心理上的隔离进一步揭示了为什么研究发现穷人是最普遍的被弱人性化的社会群体之一。⁶⁷

在这一背景下,弱人性化的一种普遍的形式就是将低收入者视为思想也更为低等的人来批判。哈迪斯的首席执行官安德鲁·普兹德(Andrew Puzder)就曾经质疑提高最低工资标准的行为,他问道:"你能通过把最低工资提升至每小时 15 美元来让他吃一勺冰激凌吗?"⁶⁸ 其他一些反对的政治行动还包括反对提高低收入者的最低工资,因为这样会导致企业采用自动化设备完成他们的工作。

另一种弱人性化的方式是贬低参加社会福利计划的人。《田纳西人报》的专栏就出现过题为"投喂动物让它们变得有依赖性"的文章质疑这些项目，文章指出"这就像动物园里的动物，它们完全由人类照料，提供食物、住所、医疗救助等"。[69]

事实上，不仅富人在弱人性化穷人，穷人也在弱人性化富人。富人在 2008 年经济危机和"占领华尔街"运动之后一直面对公众的愤怒。心理学家苏珊·菲斯克及其团队的研究显示，大部分人都认为富人是缺乏温暖和热情的，而不断扩大的经济差距更加强化了这种看法。[70]

自动化

弱人性化趋势的第四个支柱是自动化，它也是最复杂的一个部分。科技快速进步并渗透到人们生活的方方面面，这一点已经非常明显，但自动化对于弱人性化趋势的作用并不能一概而论。科技以若干不同的方式影响着弱人性化过程。它消除了一些基本的人的元素，如人的声音、面部表情、手势及交谈的突然中断（一些表情符号无法复制的线索）。它可能制造出电子游戏或色情文学等内容，侵占了我们原本和他人共度的时光。最重要的是，通过接管原本由人来执行的任务，科技降低了人们对他人的依赖。

但同时我们不应该忘记的是，科技具有让我们变得人性化的潜力，它可以让我们相互连接、让世界变得更小。近期关于数字显示屏使用与一般性福利的研究显示，尽管过度使用科技会降低福利，但缺乏科技同样会降低福利。[71] 合理地利用科技可以带来幸福感,在我与库尔特·格雷所做的一篇对科技文献的综述中,我们展示了同样适用于科技与同理心及科技与人性化的关系。[72] 我们将在第 7 章进一步讨论科技和人性,我将展示如何优化人们与科技的互动,如何利用科技让人们更加人性化地对待彼此,而非让科技使人们更加弱人性化彼此。

****

至此,我们已经找到弱人性化趋势的证据,现在我将要开始讨论为什么逆转这种趋势是有利的。在下一章中,我们将探讨为什么重视人性十分重要。

第 2 章

人类是价值的创造者

纵观历史，寓言总是会赋予人类触摸神奇的魔力。在希腊神话中，迈达斯国王被描绘为一个可以通过触摸而将所有物品（包括食物、饮料、河流、玫瑰）变成黄金的国王。希腊人把阿波罗的儿子、"医神"阿斯克勒庇俄斯描绘为拥有通过触碰治愈病人的能力。《圣经·新约》中，耶稣通过接触就能够治愈他人，其中一个非常著名的章节描述了耶稣的治愈能力，这里写道，一名生病的妇女触碰到"耶稣的衣边"，一个小时后就"痊愈"了。中世纪晚期到19世纪，无论是基督教圣人还是英国君王或法国君王，都相信他们的触摸拥有治愈的能力。于是，他们会练习"国王神迹"，即一种通过触摸臣民来为他们治疗肺结核或风湿的仪式。

现代行为科学已经证明，拥有神奇的触摸魔力的不仅仅是希腊神话中的英雄、欧洲君王、圣人或耶稣。让我们来看看安德烈·罗伯森（Andre Roberson）的例子，他是俄克拉何马城雷霆队的前锋，自称"拥抱者"。"当他们需要时，我就会围着整个房间拥抱大家，"罗伯森说，"有人情绪很低落时，我就会走过去鼓励他。"[1]有一次记者们观察到罗伯森深情拥抱他的教练，因此传出他与雷霆队的合约已经到期而他在与大家告别的谣言。事实并非如此,他只是喜欢拥抱别人,而这种身体接触被证明有助于改善球员们在场上的表现。

心理学家迈克尔·克劳斯(Michael Kraus)和达契尔·克特纳(Dacher Keltner)的研究显示,在美国职业篮球联赛中,队员在季前赛期间有更多接触的球队在季后赛中的表现更佳,接触的形式包括拥抱、拍拍背、碰碰头或击掌。克劳斯和克特纳仔细观察了所有球队在2008—2009赛季的前两个月的全部比赛,并按照球队队员之间接触的频率将他们分类,然后通过量化队员们在球场上的合作行为,即"接触得分",来预测球队在球场上的表现与合作状态。合作行为包括把球传给未被对方严密防守的队员,掩护其他队员,或是向队员示意或做手势。

克劳斯和克特纳的分析表明,在季前赛期间队员之间有更多接触的球队展现出更好的合作状态,更好的合作状态又进一步促进了球队在季后赛中的表现。换言之,接触发出了合作意向的信号,而合作可以激励球队取得胜利。同样的效应也出现在其他肢体接触的相关研究中,这类研究显示仅仅是与他人发生轻微的肢体接触,也可以提高其签署请愿书的意愿。[2] 轻微的肢体接触还可以鼓励一个人归还别人落在电话亭的一角硬币。[3] 服务员与顾客的简单接触甚至能够增加顾客给的小费金额。[4]

人类的肢体接触也可以缓解痛苦。心理学家詹姆斯·科恩(James Coan)及其团队开展了一项极不舒适的研究,该研究对16位已婚妇女实施了电击,同时扫描她们的脑部。[5]

毫不意外的是，电击刺激了她们大脑中的部分区域，如通常认为对应惊恐、痛苦和消极影响的前扣带皮质区域。实验参与者报告了所感受到的痛苦程度，不出所料，她们将体验评价为相当不舒适。更有趣的发现来源于在实验中不同节点施加的实验性操作，包括：（1）牵着丈夫的手；（2）牵着陌生男性的手；（3）不牵任何人的手。脑部扫描仪显示，牵手降低了大脑中惊恐敏感区域的活跃程度，也降低了参与者报告的不舒适程度。当电击的程度相同时，不同参与者对电击的感知却是不同的。即便是和陌生人接触也具有缓和效应，但来自丈夫的接触是最好的镇痛药。而且，参与者自主报告的对婚姻的满意程度越高，这种效应越明显。

在更新的研究中，心理学家萨拉·马斯特（Sarah Master）及其团队证明，牵着恋人的手会降低暴露在高温中的痛苦，并且降低痛苦的效用大于牵着陌生人的手。[6] 该研究也发现，这种效用对部分参与者尤其有效。后续追踪研究则显示，对于自我评价具有较强同理心的参与者，牵着男性参与者的手对于减轻痛苦非常有效。[7] 这些发现也证实了充满爱意的手是强有力的镇痛药，人类的肢体接触可以减轻身体上的痛苦。

到目前为止，本章所介绍的研究都证明了人类的接触似乎具有魔力，原因就在于接触释放了社会支持和合作意向的信号。然而，人类的接触所产生的作用并不局限于建立社会纽带。人类的接触，甚至在部分情形下仅仅是人类的出现，就可以提高有形物品、经历和产品的价值。人类之所以能够创造价值，是因为我们能够通过相互关联释放努力、意向性和可靠性的信号。

努力的价值

在读研期间,我每周日都会去附近的一家名为瓦卢瓦的社区餐饮店,它的宣传语是"看见你的食物"。瓦卢瓦是少见的能将海德公园周围的居民聚集起来的场所,它的顾客包括经常去做礼拜的人、学生、家庭,甚至巴拉克·奥巴马也常常光顾提供咖啡的柜台。在瓦卢瓦,顾客们会有序地排队,一边点他们喜欢的食物,例如我会点鸡蛋、法国吐司、培根、早餐土豆、咖啡和柠檬水(可以一直撑到晚上的一餐),一边看厨师们烹制每一份食物。顾客们会沿着指示线单向排队,最后在付款处会合并领取食物。虽然食物本身就是一种极度舒适的福利,但这个过程进一步完善了人们的体验,因而更加令人愉悦。

一项由运筹学教授瑞安·比尔(Ryan Buell)及其团队开展的田野实验阐释了瓦卢瓦现象。[8] 比尔将顾客们招募到学校的食堂来参与这项实验,作为报酬,参与者可以免费获得一份三明治。比尔随机地将一部分参与者分配到一组,让他们点一份第二天吃的三明治,同时让他们在付款前观察三明治的制作过程。其他参与者则加入另一组,他们只需要点单并在第二天直接取走三明治,不用观察它的制作过程。观察了制作过程的顾客的用餐满意度高于没有参与观察的一组,原因在于他们可以看到工作人员在准备三明治的过程中付出的努力。即便需要观察的一组等待食物的时间要长于不需要观察的组(有时候等待的时长是他人的4倍),他们对自己的体验也更满意。非常明确的是,由于这段等待的时间，他们更加珍惜三明治背后工作人员付出的劳动，从而提升了满意度。

我们认可工作人员为制作食物付出的努力的价值，这一倾向反映出一种更广泛意义上的倾向——努力启发法。努力启发法是一项评价的基本原则，表现为人们有意识地或者下意识地基于其所接收的对事物背后努力程度的了解，对事物的价值做出评价。第一个考察此类效应的研究由因达克效应而闻名的心理学家贾斯廷·克鲁格（Justin Kruger）领衔，研究成果证实，人们认为制作过程中需要更多人力劳动的艺术品具有更高的价值，如诗歌、画作、中世纪的铠甲。[9]例如，当了解到一位名叫德博拉·克莱文（为实验编纂的人物）的艺术家分别用4个小时和26个小时创作了两件作品后，实验参与者认为花费了更多时间的作品具有更高的品质且应当以更高的价格出售。事实上，艺术史学家认为，专家们如此肯定《蒙娜丽莎》的原因之一就是达·芬奇在创作时精心地使用了层次渲染法。层次渲染法是一项需要投入极大精力的技艺，通过细致地调和颜色使画作轮廓变得柔和，而不是生硬地用线条将其分开。人们认为为此付出的努力是有价值的。

因此，在这种倾向中起支配作用的就是人类的努力等同于价值。虽然在其他方面鲜有共同的立场，历史上最负盛名的两位社会学家对这一观点的预期却是一致的。亚当·斯密和卡尔·马克思分别作为资本主义和社会主义的杰出建筑师，都赞同这样一种观点，即著名的"劳动价值论"。斯密指出"因此，劳动是一切交换价值的真实度量"，他认为资本主义社会应当赋予人们通过自身劳动获取财富的能力，而不是通过与生俱来的自然资源或一个群体赠与另一个群体的财富。[10] 马克思认为将劳动力等同于价值正是资本主义的弊病，他指出："劳动力在消耗过程中实现了价值增值，能够创造出比劳动力本身的价值更大的价值。"[11] 他认为，资本家对劳动者的剥削主要就是从直接付出劳动的劳动者身上榨取这种价值（从而获得财富）。虽然学者们对斯密和马克思在劳动创造价值方面的观点的一致性和认可程度存在争议，但二人都刻画出了人们是如何通过生产商品所付出的努力来推断其重要性的。

意向释放出目的性

不仅人类的努力可以创造价值，人类的意向也可以创造价值。人们能否区分由人类创作的作品和由动物（例如大象和猩猩）创作的作品？这是一个困扰现代艺术学界且具有争议的问题。心理学家埃伦·温纳（Ellen Winner）及其团队通过考察这个问题证明了价值创造过程中意向的重要性。[12] 由于本书的主题是关于人性的重要性，相关研究的结果看起来似乎非常明显。即便如此，参与者仍然发现了非人类对象在艺术作品中表现出了令人意外的有趣之处，这意味着动物艺术品具有独特的价值。2005年，在伦敦邦瀚斯拍卖行，安迪·沃霍尔（Andy Warhol）的画作和雷诺阿（Renoir）的雕塑因无人问津而流拍，相对不知名的画家刚果（Congo）的作品却一下子成交了三幅，总价达 14 400

英镑。事实上，刚果是一只10岁的猩猩，1964年因患肺炎去世。刚果自此声名鹊起，因为毕加索、米罗和达利都购买了它的作品。达利还评价道："猩猩之手如同人类之手，杰克逊·波洛克（Jackson Pollock）之手却完全像动物之手！"[13]

在温纳的研究中，她和她的团队成员一起考察了刚果的事例是不是一种反常现象，或者说，从更普遍的意义来讲，人们是否认可动物艺术品的价值。他们同时向艺术生和非艺术生参与者展示成对的画作：一幅由专业的成年艺术家创作，另一幅则由动物或儿童创作。参与者需要标注出两幅作品中他们更喜欢哪一幅，并评价作品的质量。有时候，画作未被标注；有时候，画作的标注正确（即动物的作品被标注为由动物创作，人类的作品被标注为由人类创作）；也有时候，画作的标注错误（人类和动物的标签贴反了）。

令人印象深刻的是，无论是艺术生还是非艺术生都更喜欢专业艺术家完成的作品。即便在这些作品上贴了错误的标签——"由儿童、猩猩或大象完成"，他们的选择也是一致的。最重要的是，参与者被专业艺术家的意向吸引，这解释了他们更喜欢专业艺术家作品的原因。参与者接收到了成人创作的隐藏在艺术品背后的思想，这些思想的流露提高了人们对艺术品的评价。在温纳及其团队随后的研究中，参与者需要识别出在一组作品中，哪些是由专业艺术家创作的、哪些是由儿童创作的，或哪些是由动物创作的。这项研究发现，即使是非专业人士也能够以高于随机猜测的准确度识别出人类创作的作品。同样地，参与者也是通过识别出成人创作的作品所展现的更强的意向性（意向的程度）来区别人类和非人类创作的作品的。意向性是人类存在的信号，它创造了价值。

人类的意向不仅会提高对象存在的重要性，也会提升经验存在的重要性。例如，库尔特·格雷的相关研究证明，对人类经验背后意向的关注使经验本身更令人愉悦。[14] 在其中一项研究中，参与者收到糖果后，一部分人被告知这些糖果是别人特意为他们挑选的，另一部分人被告知这些糖果是随机选取的。参与者随后品尝了这些糖果并对喜爱程度做出了评价。那些了解到糖果挑选过程隐含了来自他人的善意的参与者与了解到糖果是随机选取的参与者相比，给予的评价更高，前者认为糖果更好吃。格雷开展的另一项实验也表明，人们在享受按摩服务时，由人类操作电子按摩仪的体验要优于电脑操作的体验，这也是因为人们感受到的善意的意向提升了体验。

在和领英上的人交流时，我常常会想起这项研究。通常，这个社交媒体平台会建议我去祝贺我的某些联系人获得了新职位。当我点击发送我的祝贺时，平台会自动生成一条信息（"祝贺拥有新职位！"），我可以在不考虑自己的祝贺情绪的情况下直接推送该信息。类似地，当他人在领英上发送信息祝贺我时，系统的自动回复选项也会提供"谢谢"、"谢谢你"和一个大拇指朝上的表情供我选择。由于自己的懒惰，我也经常会使用这些自动生成的选项，但我想我的联系人在收到时会觉得它们不那么有价值，因为它们是机器自动生成的，而不是来自善意的意向。

在考察意向性时，格雷在一项后续研究中也发现，不仅积极的意向会提升经验的价值，消极的意向也能发挥同样的作用。在这项研究中，所有参与者都受到来自实验同伴的电击。对于同伴实施的电击，参与者或许会相信同伴是善意的（为了让他们获得更大的奖励），或许会认为其是恶意的（出于简单的暴力）。参与者报告了每次被电击后所感受到的痛苦程度，研究结果显示，积极的意向让他们感到相对好受些，而消极的意向让他们感觉更加痛苦（对比参与者没有接受任何意向信息的结果）。仅仅是通过积极性，人类的意向就可以传递重要性。对人类而言，别人随机给出的称赞不如特意道贺有价值，而随机出现的冒犯也没有故意冒犯威力大。

意向的重要性同样可以解释人们为什么更偏好手工制作的物品而不是机器生产的物品。心理学家罗伯特·克罗兹鲍尔（Robert Kreuzbauer）及其团队的研究成果揭示出两种因素的共同作用产生了这种倾向：（1）特定对象的象征性如何，即这个对象在交流过程中的价值大小；（2）创造者对特定对象的意向控制程度如何。[15] 在克罗兹鲍尔的研究中，他向参与者描述了一些物品的象征性属性（如美学）或功能性属性（如效用）。例如，其中一项研究描述一个酒杯，突出其作为象征性属性的形状或是作为功能性属性的耐用性。此外，一部分参与者获得了如下信息：酒杯制造商研发了一项独特的吹玻璃技术，该技术能够反映酒杯制作过程中每个制作者独一无二的能动性。另一部分参与者获得的信息则是：酒杯制造商在酒杯的制作过程中去掉了特定的制作者的能动性,以确保所有酒杯看起来一模一样。随后在参与者报告的信息中,根据酒杯的象征性属性和获知每个酒杯都对应不同制作者的能动性的参与者对酒杯价值的评价更高。换言之,当一个对象被赋予了传递象征性的表达且人类拥有创造这种表达的能动性时,人们就会认为这个对象是有意义或有价值的。

在其他研究中,克罗兹鲍尔及其团队证明,象征性表达和人类能动性的同时存在解释了人们为何偏好手工制作的物品。两个因素的共同作用突出了创作者的意向在特定产品、对象或艺术作品的价值创造过程中发挥的作用。时尚设计师克里斯提·鲁布托(Christian Louboutin)就抓住了人们对手工制品的偏好,他指出:"我讨厌自然的创意。举个例子,我更喜欢人造的花园而不是野外的自然。我喜欢看到人与人的接触。高跟鞋就是一种纯粹被创造出来的东西——一种奢侈品。它们和自然几乎没什么关系,那正是我所推崇的一种不切实际。比起有用,我更喜欢无用。"[16]鲁布托以其炫耀性的设计和带有红底的高跟鞋而闻名于世,他向我们传达了为什么人们更认可手工制品的价值。人类在沟通过程中能够在功能性之外表达出更直接的东西,而这些表达和意向性的结合赋予了对象更高的价值。

市场营销学学者斯蒂金·范·奥斯勒(Stijn van Osselaer)及其团队所开展的研究显示,人类对手工制品的偏好同样适用于象征性更低的对象。[17]在他们的研究中,参与者获知不同的消费品(如文具、围巾和香皂)或是手工制作或是机器制造,并被要求对不同的物品进行评价。结果显示,被告知物品是手工制品的参与者表现出更强的购买意愿，更愿意购买它们作为礼物并为此支付更高的价格。

近期一项针对美格威士忌公司的诉讼阐释了消费者赋予人类接触的溢价。加利福尼亚州的居民萨弗拉·努鲁兹（Safora Nowrouzi）和特拉维斯·威廉斯（Travis Williams）称，美格威士忌所标注的波本威士忌为手工制作的信息存在欺诈。他们在诉讼中指出，尽管美格威士忌声称其波本威士忌是手工制作，但该公司的一份录像显示，它的实际生产过程是利用机器混合原料、粉碎谷物、发酵和蒸馏。原告认为："他们基于该公司所声称的内容支付了过高的价格却没有获得对应的产品，或者说，如果事先了解这个情况，他们本应该以更低的价格获得该商品。"[18] 尽管他们提起的诉讼被驳回，但它凸显了手工制作的标识所传递的价值。

对于为什么人们更偏好手工制品而不是机器生产的产品，范·奥斯勒的研究提供了非常重要的见解——答案是爱。在他的研究中，参与者报告称自己相信手工制品和其制作过程都比机器生产包含了更多的爱。在这个科技日新月异的时代，人们对手工制品的需求前所未有地高涨。易集（Etsy）这样的网络平台帮助独立的、擅长制作手工艺品的手工艺人将产品推广到了更大的市场。亚马逊网站也创建了一个类似的平台——"亚马逊手工制作"，为手工制品提供了专门的市场。虽然自动化让不同的产品得以实现快速的大批量生产，但手工制品中包含的独一无二的爱却让它们拥有更高的价值。

与范·奥斯勒的研究类似，心理学家韦罗妮卡·乔布（Veronika Job）及其团队的研究揭示了仅仅是人类创作的痕迹就能够提高人们对特定对象的价值评价。[19] 对比一个杯子是"内布拉斯加州的小工厂制作"和"内布拉斯加州的小工厂手工制作"（二者的差别仅在于"手工"），后者会让人们给予这个产品更高的评价。相较于范·奥斯勒的研究，乔布的实验参与者相信人类的接触会赋予产品特殊的社会属性，如温暖、友好和真诚。

也有研究显示人类的意向能传递出美学价值观。通过在参与者对艺术品做出评价的同时对其脑部进行扫描，神经科学家乌尔里克·柯克（Ulrich Kirk）及其团队证明了这一观点。[20] 尽管实验中所有的艺术作品都是一样的，但柯克告知一部分参与者这些艺术品是由电脑制作的，同时告知另一部分参与者它们来自现实生活中的艺廊。表面上看人类创作的艺术作品（相对于表面上看由电脑制作的艺术作品）让参与者大脑的内侧眶额皮质——反馈人类价值观和愉悦度的关键区域——达到了更高的活跃度。与此同时，人们也认为人类创作的艺术作品更具吸引力。该研究结果与温纳对人类与动物创作的艺术作品研究相吻合，都揭示出人们会直观地推断人类具有意向性的思维，并且这种思维会创造价值。

积极的社会传染和可靠性

人类的接触独立于努力和意向性，只有接触可以增强对象的重要性。这是因为很多人都认同社会学家称为"魔法传染定律"

的观点，该定律揭示人们相信仅仅通过接触就可以将其魔力传递给被触碰的对象。1980年，人类学家詹姆斯·G. 弗雷泽（James G. Frazer）首次提出，虽然这种倾向流行于"蒙昧且野蛮"的社会，但身在现代社会的我们仍然信服这一观点。[21] 我个人对这种魔法思维持否定态度。但是，当别人问我，如果我居住的房子即将烧毁，我会考虑带走哪些物品时，我发现自己也沉浸于这种魔法思维。在这种情况下，我会考虑拿走两样东西：一个传奇篮球运动员凯文·加内特（Kevin Garnett）在赛场佩戴过的护腕——上面有他的姓名首字母和球衣号码"KG 21"，以及一罐我叔叔的骨灰。我认为这两样东西都是无价的，我不会考虑他们在市场上的最终价值，即使护腕的价格在网上升至数百美元，而一罐骨灰几乎一文不值。对我而言，这些物品的价值来源于曾经接触过它的人留在上面的东西，以及这些人于我而言的重要性。

事实上，魔力效应已经远远超越了个人的依恋。在一篇著名的论文中，卡罗尔·内梅罗夫（Carol Nemeroff）和保罗·罗津（Paul Rozin）证明，人们会拒绝穿希特勒穿过的毛衣。[22] 与传染的观点一致，内梅罗夫和罗津发现，他们可以通过告知毛衣是特蕾莎修女穿过的来劝说别人穿上同一件毛衣。善良的人可以将他们善良的品质附着到所有他们触碰过的东西上。

通过宣传名人对物品的触碰可以提高其价值，心理学家乔治·纽曼（George Newman）和保罗·布卢姆（Paul Bloom）也证明了社会传染的存在。在纽曼和布卢姆的一组研究中，他们考察了约翰·F. 肯尼迪、杰奎琳·奥纳西斯和玛丽莲·梦露的财产拍卖情况。[23] 研究者将拍卖的每件物品根据其曾经的主人与之直接接触的次数进行编号，这些物品包括古董、艺术品、装饰品、家具、印刷品、餐具、服饰和珠宝。他们研究发现，这些物品被直接接触次数的测度能够预测其在拍卖时的最终报价，这一结论即便考虑到拍卖前对物品的评价也成立。为了更加全面地刻画传染现象，纽曼和布卢姆还考察了直接接触如何影响被人们唾弃的商人伯尼·麦道夫（Bernie Madoff）的财产拍卖，并发现人们感知到的直接接触预示着他的物品的最终价格会降低（回想一下人们不愿意穿希特勒穿过的毛衣）。这些发现再次证明人们会通过接触将其精髓传递到物品上，并显著地改变该物品的重要性和价值。

那么，能够增强重要性的传染具体指什么呢？一种可能的机制是，传染通过树立可靠性来让人们提升价值评价。研究显示，相较于笑容虚伪的人，人们更多地信任笑容真实的人并与之合作。[24] 相较于感受不到可靠性的情形，人们感受到可靠性时的看法会更加积极。[25] 消费者更愿意购买可靠的商品，无论是旅行纪念品还是运动鞋，而且他们对原厂生产的产品的认可高于其他厂家生产的产品。[26]

纽曼和布卢姆的其他研究成果还显示，传染解释了为什么人们认可正品而非高仿品。[27] 由于人类创作者的接触及其发出的可靠性信号，人们也更认可原创的艺术作品。在真实的艺术市场上，可靠性意味着数百万美元与一文不值的天壤之别。著名的艺术伪造者沃尔夫冈·贝特莱奇（Wolfgang Beltracchi）因制作和交易马克斯·恩斯特（Max Ernst）、乔治·布拉克（Georges

Braque)及费尔南德·莱热(Fernand Leger)的高仿品被判6年监禁。2016年被捕前,他欺骗收藏者和专业的艺术历史学家进行交易,涉案金额达数百万美元。沃尔夫冈之女弗兰齐斯卡·贝特莱奇(Franziska Beltracchi)及其妻子/共犯海伦(Helene)却说:"我认为他们没有真正伤害到任何人。他们为购买者提供了他们想要得到的画。也许现在它们一文不值了,但这些人毕竟得到了这些画。"[28] 小贝特莱奇的评论揭示了人类通过接触、传染、可靠性和价值建立的联系或许并不是天然就非常直观或者显而易见的。

其他可靠性发挥作用的领域还包括人们外出就餐的经历。相关研究显示,人类出现的线索可以传递餐厅的可靠性,从而提高餐厅的吸引力。通过考察Yelp网站上超过100万条的餐厅点评信息,组织行为学者巴拉兹·科瓦奇(Balázs Kovács)及其团队证实了这种现象。[29] 他们发现,获得的点评中含有的可靠性词语(例如"可靠""真实""真诚")越多,餐厅评级越高。同时,这种关联在家庭式餐厅中最为明显。对比连锁餐厅,人们认为家庭式餐厅尤为可靠。一项后续研究也显示,人性的存在或许以家庭所有的方式传递,或许以表面上不知名的公司所有的方式传递,前者通过树立可靠性来让人们更喜欢这家餐厅。

总结关于这一点的相关研究,我们可以看到,人类的参与、人类的接触和人类的创造可以通过向对象注入可靠性来赋予其价值。当人们认为对象所接受的接触是积极接触时,这种传递的过程最有效。积极社会传染的效应,以及人类努力和人类意向性的价值提升效应共同作用，使得人类成为价值创造的丰富源泉，让人类以自身的参与提升手工制品和经历的重要性。

****

正如我们将在第 7 章详细讨论的，我们赋予人类的重要性在越来越自动化的社会中可能会存在问题。在某些情形下，对比人类和非人类的媒介，后者或许能够为人类提供更好的服务。这一点也已经开始在部分研究中得以阐释。

举一个普通的例子，如果人们同时面对由人类筛选的笑话和由算法筛选的笑话，那么大部分人会选择前者。但是，选择笑话本身被证明是算法比人类更擅长的内容。通过运行基于算法的笑话推荐系统，并将其结果与人类推荐者选择的笑话进行对比，行为经济学家迈克·约曼斯（Mike Yeomans）及其团队发现了这一点。[30] 在多项研究中，算法推荐系统选择的笑话被一致认为比人类推荐者选择的笑话更有趣。但是，当让人们预测哪个系统会推荐更有趣的笑话时，人们大多选择人类推荐者。在其中一项研究中，69% 的人猜想人类推荐者比算法系统选择的笑话更有趣；相较于算法系统推荐的笑话，74% 的人更愿意接受人类推荐者的推荐。换言之，人们预测人类推荐者选择的笑话更有趣，但实际情况是算法系统选择的笑话更有趣。我们赋予人类的重要性误导了结果。

心理学家伯克利·狄伏斯特（Berkeley Dietvorst）及其团队

在预测领域发现了一个类似的现象，他们称之为算法厌恶。他们发现，对比人类预测指标和算法预测指标，人们在预测的过程中会一致地赋予人类预测指标更大的概率。例如预测哪些申请人可以成功进入MBA（工商管理硕士）项目，或者美国的哪些州会成为航空客流量的最大贡献者。[31] 虽然算法的预测表现优于人类的预测表现，但事实上，狄伏斯特的实验参与者赋予了人类预测更大的权重。

当然，人们更喜欢人类指标而非算法指标的原因很多，但约曼斯和狄伏斯特的研究指出至少存在两个原因：（1）人们（错误地）相信与算法相比，人类具有更强的改进能力；（2）人们不喜欢算法的不透明性（他们似乎接受人类的不透明性）。此外，人类的接触所附加的重要性导致人们高估了人类而低估了算法。从诊断癌症到驾驶飞机，人类在各项任务中需要更多地信任算法，因此，在算法系统中植入一些人性要素以证明它们对于使用者的价值十分关键。当然，我将在第7章对如何使这些系统人性化展开讨论。在下一章中，我们将继续考察为何仅仅是人类的参与，就能够赋予整个世界价值感和道德感。

第 3 章

人类的道德观

人类的参与不仅能够提升物体和经验的价值,而且人类自身还拥有固有的内在价值。正如我在引言中提到的,这是因为人类是具有道德的实体。这种人类因此需要更多的关心、需要更多地远离伤害的认知,存在于从康德的哲学到中国哲学——儒家思想、墨家思想、道家思想之中。[1]康德把这条定律称为"绝对命令的第二种表述",他这样描述道:"当你以这样的方式去对待人类——无论是以你自己的方式还是以其他人的方式,这种行为从来都不仅仅是一种达到目的的手段,它也是目的本身。"[2]换言之,占有、物化或是虐待人类在伦理上都是不可接受的。

中国哲学家孟子则这样描述人类的内在价值:"食而弗爱,豕交之也;爱而不敬,兽畜之也。"[3]他认为人类是不同于动物的独特存在,人类需要尊敬与关爱。

即便是深陷战争的苦难之中,人类也可以在不共戴天的死敌身上看到道德的价值,并且会因不得不伤害对方而感受到内心的挣扎。戴夫·格罗斯曼(Dave Grossman)是一名已退役的美国陆军中校,也是暴力心理学专家,他在其所著的《战争中的士兵心理》(*On Killing*)一书中对此进行了详细描述。美国南北战争期间，200 名战士战斗时相隔仅 20 多米，但人员的死亡速度低至每分钟 2 人。整个南北战争期间因战争造成的人员死亡率仅为 5%。[4] 军事历史学家、美国陆军准将 S. L. A. 马歇尔（S. L. A. Marshall）在其作品《面对战火的人》(Men Against Fire) 中也对此进行了描述：第二次世界大战期间，真正对敌军开枪射击的步兵比例不超过 20%。[5] 尽管格罗斯曼和马歇尔的研究发现仍是当今历史学家争论的话题，但他们都指出了一项毫无争议的事实：即便是在被下达命令的情况下，人类对于互相伤害的行为也是抵触的。

其他来自社会科学领域的研究也显现人类有多么不愿意伤害他人的线索。神经科学家莫莉·克罗克特（Molly Crockett）及其团队开展了一项研究，他们向参与者支付报酬，要求他们接受痛苦的电击或是对他人实施痛苦的电击。她发现，相比自己接受电击，人们会对实施电击的行为提出更高的价格，人们甚至愿意放弃报酬来避免对他人造成伤害。[6] 心理学家卢卡斯·沃尔兹（Lukas Volz）及其团队的研究显示，虽然人们会在不伤害自己的前提下让他人获益，但他们的确愿意牺牲报酬来避免伤害他人。[7]

心理学家菲瑞·库什曼（Fiery Cushman）及其团队揭示了这样的事实：即便是模拟伤害他人，也会引起极大的痛苦。[8] 库什曼的研究要求参与者对研究人员中的男性成员施加虚假的伤害，而被施加的对象并不会真正经历痛苦。例如，参与者会用一把枪朝实验对象的脸射击，枪并没有装真实的子弹，或是让参与者用锤子猛烈地敲击实验对象的小腿胫骨，事实上实验对象穿着金属保护装置来减轻冲击，或是要求参与者朝着桌子用力摔打逼真的娃娃。研究人员要求参与者在执行每项行动后报告自己的情绪，并在这一过程中持续强调不会对实验中的任何参与者造成真实的伤害。他们也在这些行动开始前和结束后测试了参与者的血压反应。参与者报告，他们在这些行动结束之后的感觉更加糟糕（即使只是观察而非实际参与这些模拟的伤害行为也会让他们感到糟糕）。同时在这些行动开始之前，他们的血管收缩压更高——血管的收缩通常会使血压上升。因此，这些研究都说明了人们不愿意伤害他人的意愿是如此强烈，即使是假想的违背道德的情形也会让其感到痛苦。上述研究发现解释了为什么即使人们知道暴力的电视节目和电影并非真实发生的，它们仍会引起类似的不适反应。

其他研究也揭示了人性或道德联系的灵活性本质，即人性化会增加对实体的关怀，弱人性化则会增强攻击性。通过研究人们对待他人的行为——积极的人性化、积极的弱人性化以及中性方式，著名心理学家阿尔伯特·班杜拉（Albert Bandura）解释了这一过程。[9] 在班杜拉早期的研究中，参与者通过操控设备来控制电击的强度。参与者被告知他们正在参与一项实验，实验的目标是考察惩罚如何影响决策，而他们在实验中扮演监督者的角色。同时，他们知道其他分布在不同小隔间里的参与者扮演的角色是决策者，决策者的任务是完成一个包含 25 项问题解决型测试的任务。在每项测试中，监督者都会收到一项指令，如果决策者给出的方案是完善的，则电击设备显示屏上的黄灯会闪烁；如果决策者给出的方案是不完善的，则电击设备的显示屏上会亮起红灯，指示监督者需要执行电击。

重要的是，班杜拉在实验中确保了所有参与者都"意外地在无意中听到了"研究人员关于决策者的对话——这段对话是实验性的操纵。在人性化的方式下，参与者无意中听到工作人员将决策者描述为"有感知能力的"和"能够理解的"（即具有心理认知能力）。在弱人性化的方式下，参与者无意中听到工作人员将决策者描述为"一群动物般的、糟糕的人"。在中性的方式下，参与者没有听到任何评价内容。非常关键的一项检验就在于这些描述如何影响参与者在红灯亮起超过 10 次时选择执行的电击强度。

结果或许并不令人感到惊讶，参与者在决策者被以弱人性化的方式描述时选择的电击强度最大。而在以弱人性化、人性化和中性方式描述的三类参与者之中，监督者更愿意对第一类决策者实施电击。事实上，实验之后进行的问卷调查结果显示，弱人性化的描述让参与者觉得实施电击是合理的。更有趣的结果是，对比中性方式评价的情形，监督者对以弱人性化方式评价的参与者实施的电击强度更大。在后续的跟踪研究中，研究者们成功验证了实验结果，并得出了一致的结论：赞扬人性会提升人们对其的善意，诋毁人性会助长人们对其的攻击性。

班杜拉与菲利普·津巴多（Philip Zimbardo）、迈克尔·J.奥索夫斯基（Michael J. Osofsky）合作开展的研究证实，人们在实验中也会通过弱人性化的方式来合理化行刑过程的伤害。[10]研究者们考察了来自美国南部三所最高安防等级监狱的246名工作人员，包括为囚犯提供咨询的支持团队成员、大部分时间未参与执行过程的狱警及真正的执行者的想法。所有的实验参与者都填写了一份关于道德脱离的问卷，内容涉及部分度量弱人性化的条目（如询问参与者是否认同"被判死刑的杀人犯失去了作为完整的人的权利"）。相比狱警和支持团队成员，执行者更倾向于认同弱人性化的表述。这意味着他们与执行过程更加直接的联系导致其将囚犯弱人性化。弱人性化让他们认为囚犯应当受到伤害，因此对他们行刑在道德上是合理的。

引导道德的细微线索

前述研究都显示，人们并不总是自动地把人类当作人类来对待。关于人性的一些细微的线索，例如一张面孔或是像人类一样的身体动作，在激发人们的行为方面十分必要——激发人们像对待人类一样对待事物和他人。当这些线索推动人们去看见人类本身，人们就会表现得更具道德。

能够对这种现象做出解释的领域之一就是重症监护，相关研究成果显示，病人的照片可以改善参与和治疗过程。例如，一项针对瑞典重症监护室的护士和麻醉师的调研显示，将其办公桌上的照片更换为病床上无意识的病人的照片有利于治疗。[11]这些医务工作者提到，摆放病人的照片有助于他们像对待人类那样对待病人——"更像是照顾一个人,而不是一个包裹",也有助于其与病人建立联系并向他们提供关怀。一项类似的研究在多伦多的两个重症监护室中进行,研究结果显示,大部分重症监护室的护士都赞同摆放病人的照片有助于其与病人建立更好的联系,并使其护理工作的目标形象化。和瑞典相关研究的结论一致,护士们认为摆放病人的照片有助于其更加人性化地对待病人。其中一位护士说:"我认为,病人和孩子及其家人的照片能让我们意识到他们是'人',而不仅仅是'浮肿的、患黄疸的或是败血症'的病人。"[12]

另一个细微的人性线索会影响道德的领域是堕胎决策。美国部分州的相关立法曾要求女性在决定是否堕胎前聆听胎儿的超声心跳,或是在堕胎之后埋葬胎儿。这些方式的意图在于通过提示胎儿的人性来劝说当事人放弃堕胎。但是这些方法奏效吗?仅有的两项对此进行了全面考察的研究给出的答案是:一定程度上奏效。

第一项考察这一问题的研究成果发表于 2014 年,该研究考察了在洛杉矶提供计划生育相关服务的非营利组织 Planned Parenthood 寻求堕胎诊疗的女性,考察对象超过 15 000 人。[13] 但这项研究的一个主要的缺陷在于无法实现随机分配——他们无法将被考察对象分配到查看超声影像的组或是不查看超声影像的组。因为查看超声影像的选择是自愿的,研究者无法从实验的角度控制女性是否选择查看超声影像。通常而言,在实验研究中,随机分配是确保所关注的变量能够对结果具有解释力的关键条件,即随机分配保证了结果是由所关注的变量（本研究中关注的变量为是否查看超声影像）引起的，而不是由选择查看和不查看的两组对象之间存在差异的其他因素导致的。例如，在本研究中，选择查看超声影像的女性更年轻，更有可能是非裔美国人且贫困程度更高（研究者在分析过程中考虑了这些因素）。

尽管不满足随机分配的条件，这项研究的结果仍然具有启发性。样本中42.5%的人选择了查看超声影像，该研究就选择查看和不查看的两组考察对象的堕胎决策进行了对比。非常重要的一点是，该研究还测度了女性是否继续选择堕胎的决策不确定性（低、中、高）。在决策的不确定性强的样本中，是否查看超声影像对决策没有影响——97.5%查看了超声影像的女性和98%没有查看超声影像的女性都坚持选择堕胎。在决策左右摇摆的样本中，是否查看超声影像对决策的影响显著，95.2%查看了超声影像的女性坚持选择堕胎，而没有查看超声影像仍坚持堕胎的女性比例为98.7%。当然，这一效应是非常小的，我们也应对结果做出谨慎的解释。但3.5%的差异在统计上是显著的，而在寻求堕胎诊疗的女性中，该效应尤为显著。

2013年，要求当事人在堕胎前查看超声影像的法案正式生效。第二项研究获取了威斯康星州一家堕胎诊所的数据，观察数据的区间正是2013年法案生效前一年和生效后一年内。[14] 同样地，这项研究也无法解决随机分配的问题，无法解释在此期间存在差异的其他因素对结果造成的影响。但是，通过考察5 342个案例，该研究显示在法案生效后，选择生育而不是堕胎的女性比例明显上升：生效前为 8.7%，生效后上升至 11.2%。研究从统计角度揭示了查看超声影像有助于解释这一差异，并且对决策不确定性强和弱的两组样本产生了同样的效应。总而言之，这两项关于查看超声影像的研究都提供了进一步的证据：即便是细微的人性线索也能激发道德关怀。

近年来，反堕胎主义者也在充分运用医学进展来支持其行动。这些医学技术可以在比人们此前的认知更早之前，识别胎儿作为个体的能力、经历痛苦的能力，以及在子宫外生存的能力（早于 1973 年堕胎被歧视之前）。这些发现部分得益于超声影像技术的进步，这项技术现在可以更清晰地展现胎儿的影像，从而实现更人性化的观察。反堕胎主义活动家阿什利·麦圭尔（Ashley McGuire）指出："当你看到一个 18 周大的胎儿在吮吸手指、微笑和拍手时"，就不那么容易出现这样的想法——"一个 20 周大的、尚未出生的胎儿是可以被抛弃的"。记者埃玛·格林（Emma Green）在《大西洋月刊》上报道了麦圭尔和反堕胎运动是如何围绕科学和技术进步团结在一起的，文中写道："新技术让人们更容易理解一个不断长大的孩子的人性，更容易理解把胎儿视为一个生命的道德观。"[15] 抛开堕胎政治，这些关于胎儿人性的细微线索可以激发道德关怀的意识。

除了医疗领域，丰田摩托也正在开发人性线索的道德力量。在尝试提升安全性的努力中，丰田的研究人员将摩托车的车头设计为人脸的形状，摩托车的方向灯就是眉毛。可视性测试显示，与传统车头设计相比，人脸车头的设计使驾驶员对车辆的可视性几乎翻倍。[16] 研究者在实验者看到不同车的车头时对其脑部进行扫描，结果显示实验者看到人脸车头时大脑梭状回区域的反应与看到真实人脸时的反应一致。丰田摩托车的设计基于大量的心理学研究，这些研究显示，脸作为人类存在的提示线索，可以很好地吸引驾驶员的注意力，而其他刺激物几乎无法达到这种效果。人们的行为也因为这种提示变得更加谨慎。[17] 这张脸看起来非常生气，但同时通过传达严厉的评价来鼓励更加安全的驾驶行为。无论它是怎样发挥作用的，丰田的设计再次说明了即便是细微的人性线索也能增强道德的敏感性。

可识别的力量

细微的人性线索不仅改变着针对单独个体的道德行为，针对群体也发挥着作用。我将对此做出解释。想到一个社会群体（如护士、拉美裔美国人、左撇子）时，一些东西就会浮现在我们的脑海中，比如这个群体的名字、群体成员的数量及群体的代表性成员的形象。大量研究显示，与以数字编码的形式出现相比，一个群体以代表人物的形式出现时，人们对它的态度会更热情。在这一情形下，个体作为整个群体的人性线索，被激发出更大的道德关怀，并回应了斯大林的那句名言："一名苏联士兵的死是一个悲剧，而数百万士兵的死只是一个统计数据。"换言之，相较于群体的生命价值，人们通常会更加重视个体的生命价值。

1968年，经济学家托马斯·谢林（Thomas Schelling）首次谈到这一现象。他写道:"如果一个6岁的金发小姑娘需要数千美元手术费来将生命延续到圣诞节,那么邮局会被想要救助她的人用一枚又一枚硬币塞满。但是,如果一篇报道这样写:如果没有消费税,那么马萨诸塞州的医疗设施将因无资金更换而导致本可以避免的死亡人数悄无声息地增加。这样一来,不会有很多人对此表示同情并掏出支票捐款。"谢林举的例子说明,人类个体的痛苦会激发人们的道德行动,而群体的痛苦却是不易被察觉的,也因此几乎无法获得同情。谢林还谈道:"要评价个体的死亡,需要对感受给予特殊的关注……而死亡率统计数据的微小变化无法激发这些情感……避免特定个体的死亡——具体的人的死亡,不能直接被作为一种消费者选择问题来看待,它涉及焦虑和情感,涉及内疚与敬畏。"[18]这里,谢林指出,可识别的人类生命(和死亡)会激发道德情感,预示将有大量的研究可以从实证角度来解释这一现象。

谢林的观点后来成为著名的"可识别受害者效应",20世纪90年代后期,研究者们对此展开研究。心理学家德博拉·斯莫尔(Deborah Small)的实验研究是其中的一个典范。他们在实验中向参与者提供了关于非洲饥荒的数据,以及向儿童救助组织捐款的机会,该组织会为相关对象提供帮助。在第一种情形下,参与者会阅读一段强调统计数据的信息:"马拉维的食物短缺已经波及超过300万儿童……400万安哥拉人(即其人口的1/3)被迫离开自己的家园。埃塞俄比亚超过1 100万人需要紧急粮食援助。"在第二种情形下,参与者会看到一张小女孩的照片并阅读一段关于她的陈述："您的捐款将会全部用于帮助来自非洲马里的 7 岁女孩若基亚。她非常贫困，正面临极度饥饿甚至饥饿致死的威胁。您的资助将会改善她的生活。"[19] 虽然第一种情形强调了受到影响的人数更多，但是对比两种情形下的捐款金额，第二种情形获得的金额却是第一种情形的两倍多。

除了实验研究，心理学家保罗·斯洛维奇（Paul Slovic）及其团队也发现，在艾兰·科迪（在第一章中提到的溺亡的叙利亚儿童）去世之后及其照片广泛传播的一周内，针对难民的慈善捐款金额飙升。[20] 这一周捐赠到瑞典红十字基金会并指明用于帮助叙利亚难民的捐款笔数增加了 100 倍，捐款金额增长了 55 倍。斯洛维奇指出："一张可识别的个体的照片吸引了人们的注意力，并让人们为此动容、表示关注并提供帮助，那些数十万的统计数据却无法做到。"

由心理学家杰夫·加拉克（Jeff Galak）展开的另一项研究也证明了可识别性在小额金融借贷中的影响力。人们可以通过网络平台 Kiva 将资金贷给全球范围内的低收入创业者，如农民、零售商或教育工作者。通过研究这个平台，加拉克发现，资金的借出方更愿意选择个人借款人而不是团体借款人。在 Kiva 网站上，人们可以选择不同背景的借款人：一部分借款人是个人，例如从事教育工作的梅里·约兰德女士，她希望贷款 1 500 美元用于购买当地的土豆、食用油和香肠；另一部分借款人为团体，如一家位于秘鲁的银行——女性企业家集团，它希望贷款 1 525 美元用于购买牛奶、大米和糖。加拉克的研究显示，贷款人更愿意资助梅里·约兰德这样的个人借款人而不是女性企业家集团这样的团体借款人，而且团体的规模越大，贷款人愿意借出的金额反而越小。

那么，个体驱动人们的同情与慈善的力量来源是什么呢？近期，由神经科学家亚历克斯·杰涅夫斯基（Alex Genevsky）开展的相关研究阐明了这个过程。杰涅夫斯基在研究中对比人们看到需要帮助的儿童的照片和看到没有具体相貌的、轮廓式的儿童照片后的反应，前者的大脑中与情感相关的区域会变得更加活跃。[21] 杰涅夫斯基的研究发现，大脑中这些区域的活动，尤其是与积极情感相关的区域的活动，意味着更多捐赠会给予可识别的儿童（相较于没有具体相貌的儿童照片）。这些发现也说明了可识别的个体能够创造情感，而情感会反过来引导捐赠行为。

这些神经影像领域的发展只是部分解释了可识别的受害者效应，即人们激发情感而情感推动道德行为，但问题仍然存在，为什么可识别的个体能够首先激发情感呢？决策科学家辛西娅·克赖德（Cynthia Cryder）和心理学家乔治·勒文斯泰因（George Loewenstein）提供了一套统一的理论来解释这一问题，他们认为可识别的个体帮助他人感受到了情感，而这种可感知性具有两种积极的作用：（1）可感知性使得提供帮助的人感受到自己具有影响力，从而增强了其自身的积极情感；（2）可感知性放大了人们感受到的来自他人的道德情感。[22]

一个新近的研究项目将这一内容进一步细化，该项目提出了一种完全相反的对可识别效应的解释。[23] 心理学家达里尔·卡梅隆（Daryl Cameron）和基思·佩恩（Keith Payne）认为，群体的痛苦（而不是个体的痛苦）主导着人类的情感，从而迫使我们压抑这些情感，因此转向了个体受害者。

对于两方面的主张，在没有进一步考察实证的细节之前，我的感受是这两个阵营是在不同的情形下提出了不同的问题。就个人而言，我认为两种观点都证实了人类在激发道德关怀方面具有心理上的特殊性。一种观点聚焦于人类个体痛苦的深度，另一种观点聚焦于人类群体痛苦的广度。卡梅隆和佩恩更认同后者，但他们也认可个体受害者可识别性的道德力量，他们认为可识别性之所以会推动产生与群体痛苦相关的感受，是由于群体的痛苦在主导我们。这一观点与特蕾莎修女的名言一致："如果我看着芸芸众生，我永远不会行动。如果我看到了某一个人，我会行动。"[24]

总体而言，前述的相关研究说明了人们在道德行为上会更倾向于个体而不是群体，除非这个群体代表了个体（即只有当人性线索非常显著时才会倾向于群体）。但是，另一种促进这种代表性的主要因素是群体的凝聚力，也就是说，这个群体的成员之间相似程度高低、成员之间的联系是否紧密，以及他们面对共同命运的程度如何。例如，在我和利安纳·扬的研究中，我们发现人们认为纽约洋基队这样的群体具有强大的凝聚力，但所有脸书用户这样的群体的凝聚力比较低。[25]在1996年发表的一篇非常具有权威性的理论文章中，心理学家大卫·汉密尔顿（David Hamilton）和史蒂文·舍曼（Steven Sherman）证明了人们对待具有凝聚力的群体的方式等同于其对待个体的方式。[26] 后续研究也显示凝聚力可以促进道德行为。

在关于凝聚力和慈善捐赠的研究中,市场营销学者罗伯特·W. 史密斯(Robert W. Smith)及其团队进行了以下实验。他们向英国参与者展示了 6 位需要教育资助的非洲儿童的信息。在高凝聚力的情形下,研究者将 6 名儿童的关系描述为兄弟姐妹;在低凝聚力的情形下,研究者没有向参与者提及 6 名儿童之间的关系。结果显示,将 6 名儿童描述为兄弟姐妹增加了参与者捐赠的金额,平均增加了 2.88 英镑,这一金额是没有向参与者提及其关系的儿童获赠金额的两倍多。[27] 其他对瑞典参与者的研究则显示,对需要帮助的 8 名儿童而言,人们在了解到他们之间有亲属关系时要比认为他们之间没有亲属关系时更愿意提供帮助。[28] 凝聚力让群体表现的方式更像是可识别的人类个体,从而激发出更多的情感和道德关怀。

突出人性线索能够激发道德关怀,模糊这些线索则会引致伤害——虽然这似乎看起来非常明显,但其他相关研究证实,在人类做出道德决策时,这些线索大部分都是不可见的。心理学家莉萨·舒(Lisa Shu)的相关研究也支持了这一观点,她的研究首次证明对于同样的伤害经历,人们对有名字的个体(即可识别的)的经历所表现的关怀多于没有名字的(即不可识别的)个体。[29]

在舒的一项研究中,一半的实验参与者阅读的信息简介为"一家声誉不佳的房地产经纪公司利用了萨姆",另一半的参与者阅读的信息简介为"一家声誉不佳的房地产经纪公司利用了某个人（即没有名字）"。当要求实验参与者对经纪公司的交易做出评价时，他们认为简介里有受害者名字的公司的行为明显更不道德。这里，名字所传递的人性线索增加了人们对于购买方财务状况的道德关怀。

而舒在后续的研究中指出，人们只有在同时面对同一个受害者时，才会注意到两种方式——有名字和没有名字的情形下可识别性的道德影响力。这项研究涉及三种实验情形，针对正在接受医生专业治疗的个人，其中两种是让参与者分别了解有名字的个人和没有名字的个人的情况，第三种则是让参与者同时了解有名字的个人和没有名字的个人的情况。当被要求评价治疗的行为准则时，结果显示，参与者在第三种情形下做出的评价比前两种情形下做出的评价更加一致。这些研究充分揭示了只要是人性线索，即便十分细微，也会将道德观传输给对方。然而，这些线索的力量大部分时候没有被发现。

拟人主义与道德

人性线索可以带来道德关怀的最佳例证源自我们在2007年进行的一项针对人类对象清晰的人性化过程的研究，尼克·埃普利、约翰·卡乔波和我发表了第一篇心理学的理论文章，探讨了为什么人类会拟人化（即将非人类对象视为人类），并开始对这一理论开展实证检验。当时，我希望我们的研究能够推动拟人主义成为一个科学问题，然而它却更多地吸引了学术之外各方人士的关注。我们不时收到来自媒体的邀请，因为记者们希望撰写文章讨论为什么人类会给宠物穿上衣服或为他们的汽车取名。也有人希望了解动物一族（日常喜欢动物元素装扮的人们）的心理，或是想知道为什么有人为动物创建推特账号，例如有人为布朗克斯动物园的眼镜蛇创建了账号。虽然这些疑问各有吸引人之处，它们却引发了我的担忧，我开始担心自己是否在研究一个边缘话题，而不是一个重要的现象。

当然，重点在于我们逐渐察觉到了将拟人主义作为一种道德结果来考察的必要性，这样才能够揭示人性化地对待非人类的对象意味着伤害它们与帮助它们之间的重要差别。我们构造了一种测度，叫作"拟人主义问卷中的个体差异"（IDAQ）。我们会向受访者提问，如"一台电视机能够感受到情绪的程度有多大"或者"一只普通的爬行动物有意识的程度是多少"。[30] 这些问题所得答案的准确度与我们的研究并不相关，或者准确度本身就是无法判定的，但人们对此的反应被证实与他们的道德信仰显著相关。在其中一项研究中，我们发现，IDAQ 评分高的人更倾向于做出这类陈述：损坏电脑、摩托车甚至安乐窝是不道德的。而在另外一项研究中，我们发现更高的 IDAQ 评分意味着人们更加关注自然环境，以及他们对保护多种植物、树木和森林更加重视。换言之，倾向于人性化对待非人类对象的人拥有更多的道德关怀。这正是我们想要证明的拟人主义是科学问题的第一步：它并不仅仅是巧合或昙花一现，而是一种重要的现象。

在关于人性化如何带来道德关怀的例子当中，比较奇特的案例来自一项关于奶牛与牛奶产量的研究。[31] 在这项研究中，凯瑟琳·伯滕肖（Catherine Bertenshaw）和彼得·罗林森（Peter Rowlinson）采访了516位英国农业资产管理者，询问他们对各自的奶牛场中人与动物之间关系的态度。大约46%的人表示会给奶牛取名字并使用这些名字。在这些给奶牛取名字的农场中，取名并使用的农场的牛奶产量比取名但没有使用的农场多258升。伯滕肖和罗林森对这一发现的解释是，人性化地对待奶牛提升了农民对奶牛的注意力。他们还认为给奶牛取名字会让农民们逐一地悉心照料这些奶牛，因此减少了奶牛产奶的压力和皮质醇的生成——皮质醇是一种对产奶量造成干扰的激素。当然，其他因素也可以解释这一现象，而此项研究中的因果关系可能存在反向因果的问题。也就是说，产奶量更高的奶牛可能获得农民更加积极的评价，而这些人正好是为它们取名字的人。这项备受争议的研究揭示了人性化动物和人道地对待动物之间的关系。

其他研究也考察了人性化奶牛如何影响人们对吃肉的偏好或者抵制。心理学家布罗克·巴斯琴（Brock Bastian）和史蒂芬·洛克南（Stephen Loughnan）深入研究了所谓的"食肉悖论"，他们指出："人们对食肉的偏好和对动物遭遇痛苦的道德反思存在明显的心理冲突。"[32] 由于巴斯琴和洛克南同为澳大利亚人，在他们的地方美食相同的情况下，这个问题或许还具有特殊的相关性。他们在一系列相关研究中也证实，人们将奶牛或者其他动物作为人来对待的程度越高，食用它们的意愿就越低。在一项具有代表性的研究中，他们发现人们越是认为动物具有人类的心理属性，如情感、自控力和记忆等，人们食用这些动物的意愿就越低。[33]

这种人性化关怀的联系也适用于陪伴型动物，如猫和狗。动物伦理学学者詹姆斯·瑟普尔（James Serpell）认为，人类以夸大人类特征的方式饲养宠物已经持续数代人的时间，这让它们更容易被拟人化，而这反过来又增强了人们照顾它们的意愿。[34]

《财富》杂志一篇名为"宠物其实也是人类"的文章描述了2010—2016年美国人平均而言在每只宠物身上的开支增长了25%，这反映了人们对宠物的喜爱使其把它们当作同类来对待。这篇文章发现，近80%的美国人认为宠物是他们心爱的家庭成员，仅有不到20%的美国人认为他们的"宠物被很好地照料，但仍然只被当作动物"。[35] 这种人性化的趋势提高了人们在高档宠物食品、宠物日托和升级兽医服务方面的支出水平，而这一切都是为了更好地照料它们。

实验研究也证实人性化增强了人们对宠物的热情。心理学家马克斯·巴特菲尔德（Max Butterfield）进行了一项研究，让人们分别考虑一只小狗的两类特征，即接近人类的特征（例如，幽默感、是一名不错的倾听者），以及仅仅是作为狗的特征（例如，遵守命令、拥有良好的嗅觉）[36]，研究发现，考虑前者会增强人们收养小狗的意愿。向拟人化思维的微小转换，能创造出对动物福利的巨大关怀。

熊伟（Wayne Hsiung）是国际动物保护组织"全球直接行动"

（Direct Aciton Everywhere）的联合创办人，他向我描述了识别动物身上的类人特征是如何激发出他对动物保护的兴趣的。[37]熊伟并没有着重强调动物与人类心理上的相似之处，以及动物的承受能力与人类有多么相似，他向我描述了一些对他而言印象深刻的个人经历。其中一个经历是他童年时期的一次旅行，当时，餐馆的顾客可以点杀动物并由厨师现场烹饪。熊伟说，当看到狗被拖拽到厨房时，他感觉"十分惊恐，像掉进陷阱一般，并且异常孤独"，这种感受立即让他意识到要救下这条狗。熊伟还讲述了自己第一次目睹牛被抓住脖子之后突然受惊的经历，熊伟说："这头牛憔悴异常，它暴跳着，不断地向后退，我能从它的眼中看到……这些全都是我们（人类）害怕时会有的反应。"当我询问熊伟人类权利运动与动物权利运动的相似之处时，他说："我把它们视为等同的运动。"他指出，两种运动都是在反对"异己化"及认为"不同就是低等"的观点。熊伟告诉我，他第一次组织反对种族不平等运动的经历让他看到了动物和被边缘化的人之间的相似之处，这激励他为了人道地对待动物而奋斗。

我也和普利策奖获得者格伦·格林伍德（Glenn Greenwald）交流过，他因基于斯诺登曝光的资料披露美国政府的"棱镜计划"而获奖。[38]格林伍德的大部分职业生涯都奉献给了公民权利与公民自由事业，近年来，他也成为一名坚定的动物权利倡导者。他在里约热内卢开办了一家流浪动物收容所，收容所里的员工也是无家可归的流浪汉。和熊伟一样，格林伍德也告诉我自己对捍卫人类权利的兴趣是如何激发其成为一名动物权利倡导者，他将两者的共同起因归结为"与暴力和权利相关的苦难"。格林伍德还提到，为了推动动物保护事业的发展，"从策略上讲，让人们具备人性化对待动物的能力，让人们同情它们遭受的苦难以及它们在这个世界生存的方式十分重要"。他指出，出于人类的喜爱，"狗充当着动物权利的诱导性毒品"。同样，格林伍德也谈到了人性化对待动物在推动道德关怀的进程中的重要性。

关于阻止人类食用动物或穿动物皮毛，PETA（People for the Ethical Treatment of Animals）组织就动物的类人性发表了一些极端的观点。在 2010 年的一篇论文中，PETA 组织成员将自己用玻璃纸包裹起来，浸泡在假的血液中并放置在人形大小的超市包装内。他们在网站上对这一引人注目的行为做出了解释："所有的肉都来自某个躯体。当你在这些整洁的塑料包装里看到人类的身体时，这就击中了要害……每一片肉都来自一个遭受了惨痛苦难且被暴力致死的个体。"[39] 这种比喻或许粗暴，却突出说明当人类对动物的苦难感同身受时就可以激发道德关怀。大部分文化都会使用不同的词语分别表示被烹煮的动物（例如，牛肉、猪肉）和活着的动物（例如，牛、猪），这似乎有助于人们将食肉的行为合理化——使他们回避了在吃肉之前对动物本身的存在有所思考。

对这一话题的早期研究还包括心理学家斯科特·普劳斯（Scott Plous）对人道主义传递的人们对动物的道德观的研究。普劳斯向参与者展示了 6 种动物——大猩猩、黑犀牛、白头鹤、辛氏蜥、大头多齿海鲉和齿洞地鳖，分别让他们就两方面做出评估：(1) 每种动物与人类相似的程度；(2) 拯救每种动物以防止其濒临灭绝的重要性。人们倾向于拯救更具类人性的动物。参与者认为6种动物中，大猩猩是和人类最相似的且是最值得被保护的，而甲虫是最不像人类的且是最不值得被保护的。[40]

其他研究也展示了拟人化推动野生动物保护的进展，这些研究认为人们会优先保护那些和人类最像的濒危物种。[41]科学史学家格雷格·密特曼（Gregg Mitman）指出，社交媒体对大象的拟人化描述有助于加深人们保护大象的同情心。例如，自然资源保护主义者辛西娅·莫斯（Cynthia Moss）在《大象记忆》（*Elephant Memories*）一书中按年记载了她13年来对肯尼亚一个大象家族的研究。密特曼认为："这本书为宣传厚皮类动物的性格做出了巨大的贡献，也在公众心中树立起了厚皮类动物道德权利的信仰。"[42]在《大象记忆》一书中，莫斯描写了大象会埋葬死去的同伴并帮助家族中被射杀的成员。《纽约时报》的一篇书评写道："因为大人们的原因，孩子们很快就要失去'巴巴'（Babar，大象巴巴是一个经典的卡通形象）了……他们想要诅咒人类文明并大声哭喊：'现在上帝支持大象了！'"[43]

野生动物保护者也利用动物的类人性来推动对鲸鱼、类人猿（保护主义者称其为"人类的表兄弟之一"和"与人类最接近的现存近亲之一"[44]）及黑猩猩的保护。本书的引言中提到了泛类人猿计划，这是一个旨在维护类人猿合法权利并基于其类人性为其争取合法权利的组织。[45]

很多文化都认为拟人化地对待动物更有助于保护它们。例如，印度南部的纳亚卡人就将大象等动物拟人化（认为它们具有和人类同样的智慧），并因此善待它们。[46] 人类学家丹尼·内夫（Danny Naveh）和努里特·伯德-戴维（Nurit Bird-David）描写了纳亚卡人如何基于对大象性格的深入了解而原谅了一头杀死了两个人类兄弟的大象。被杀死的两兄弟的亲人称这头大象为"一头独来独往的大象"，因为它曾经在另一头大象被林业部门捕获的森林边缘徘徊，人们认为这头大象的攻击性源于他失去亲人的悲伤和孤独。[47] 这种极致的拟人化将人类复杂的情感和动机赋予了大象，从而使得纳亚卡人能够同情它并原谅它。

除了动物，拟人化也能普遍提升人们对自然的道德关怀。最近的一个案例来自印度北阿坎德邦。2017 年，该地区的高级法院宣布，恒河和亚穆纳河是"有生命的生命体"。这一法令意味着因污染而破坏河流在法律上等同于伤害人类。[48] 也是在 2017 年，新西兰毛利人也为他们的旺格努伊河而抗争，他们主张将旺格努伊河视为祖先，并最终赢得了胜利。这次胜利也意味着在法律上伤害毛利人和破坏河流是没有区别的，人类的地位赋予了河流等同于人类的权利。

****

2007 年我们发表了拟人化的心理学理论论文之后，拟人化真正成为心理学及其他学科的严肃的科学问题。揭示拟人化与道德关怀之间联系的案例越来越丰富。其中一项研究显示，将汽车或个人电脑拟人化会降低人们更换这些物品的意愿。[49]另一项研究则显示，儿童拟人化地对待机器人也会降低他们把机器人关在柜子里的意愿（出于对机器人福利的关心和不希望伤害机器人感受的意愿）。[50]

一项实验将拟人化拓展到极致的状态，结论证实了人们越是轻松地拟人化，越会对蔬菜产生同情心。这项实验由心理学家杰伦·韦斯（Jeroen Vaes）开展，他向参与者展示了茄子和西葫芦等多种蔬菜的照片：它们或是被人用棉签擦拭（一种中性的行为）或是被针刺（一种"痛苦"的行为）。韦斯通过脑电图法测度了参与者的大脑对显示两种不同行为的图片的反应。有时候，参与者被告知每种蔬菜有像人名一样的名字，如劳拉（Laura）和卡洛（Carlo）。还有时候，参与者被告知它们没有名字。在执行实验任务期间，当参与者看到有名字的蔬菜被针刺的时候，他们的大脑反应更大，与富有同情心的反应一致。而当参与者看到没有名字的蔬菜被针刺的时候，他们的反应与看到这些蔬菜被人用棉签擦拭时相似。[51]

所有这些研究都让我们感到有些意外，或者至少它们揭示了人们在看到孩子因心爱的泰迪熊的胳膊脱离了身体而哭泣时并不是无动于衷的。它们也说明了人类在社会思维方面拥有超凡的能力，显示出我们有能力从社会的角度看待这个世界。这让我们将社会属性扩展到西葫芦等没有社交能力的对象身上。这些研究也证实了重视人性的内在力量和灵活性。只要在其他对象身上看到哪怕是微弱的人性的力量被激发，无论是动物、植物还是矿物，我们都认为它们值得拥有道德权利——包括远离伤害和基本尊严。我们赋予人类的重要性意味着我们代表人类做出了不可思议的行动。接下来的两章将描述这种现象，并揭示为什么人性化人类之外的对象具有深远的意义并激励着我们去采取行动。

第 4 章

人类的影响力是行动的引擎

作为一名从事学术研究的心理学家，我也涉猎了文化评论领域。我为我们的校报《哥伦比亚大学观察者》(*Columbia Spectator*)撰写音乐和音乐会的评论，后来又以笔名撰写与音乐相关的内容。我成长在一个人们崇尚艺术、电影、音乐和图书评论的年代。因此，相比作品本身，我更熟悉人们对作品的评论——罗杰·埃伯特（Roger Ebert）的电影评论及米尼亚·奥（Minya Oh）在《源头》(*Source*)杂志上发表的音乐评论。然而，我对文化评论职业的崇拜却在21世纪来临之际逐渐消失了，原因是我认为这些评论越发千篇一律。也就是说，我开始看到对不同文化产品的评论变得特别一致。像《迷失东京》(*Lost in Translation*)这样的电影，或是浪子乐队的音乐专辑《抬起支架》(*Up the Bracket*)受到了普遍的欢迎，而莉兹·菲尔（Liz Phair）2003年以自己名字命名的专辑和亚当·桑德勒（Adam Sandler）的电影《迪兹先生》(*Mr. Deeds*)却遭到了一致的批评。

也许艺术只是单纯地变得越来越远离复杂，变得越来越容易被归类到好的或者不好的类别里。但是，我也注意到，伴随着两种科技的发展，出现了一种共识的趋势，尤其是在音乐评论界。第一种是社交媒体的出现，如朋友网（Friendster）、脸书、聚友网（MySpace）；第二种是文件共享服务的兴起，如纳普斯特（Napster）软件和青柠在线（Limewire）软件。当我在其他地方撰文时，这两种力量的结合体似乎会制造出一种减少音乐评论（针对艺术作品反映大众观点的评论，而不是个人的评价）的趋势。[1]

让我来解释这个现象：音乐专辑在文件共享服务和流量网站上架之前，会优先被送到乐评人手中，他们会在专辑正式上市前仔细聆听音乐作品，同时从他们的角度代表大众事先品鉴作品。一旦音乐作品在网络上流传，或是在社交媒体上提前发布，接触新的音乐作品就变成了一种大众化的行为，这也就意味着乐评人不再享有专属的获取途径。也就是说，乐评人和大众几乎在同一时间接触到新的音乐作品。社交媒体也使得人们能够公开发表自己对新作品的看法，他们可以在聚友网的个人简介中列出自己最喜爱的乐队，也可以在网站的留言板上自由地讨论新作品。这样一来，乐评人可以在撰写评论之前获知大众对特定的音乐专辑的看法。因此，现在的情形并不是音乐评论引导大众对艺术的看法（就像非互联网时代的情形），而是音乐评论开始有意识或下意识地反映大众的看法。如果大众倾向于对特定的事物形成普遍积极或普遍消极的看法，文化评论就开始复制这种两极化的趋势。最初，音乐评论反映独立的个体对作品的看法，但互联网时代改变了这种方式。在新时代，新作品不可避免地事先流向大众，意味着文化评论开始反映而不是引领大众的看法。

几年前,我终于发现了一项实证研究,其研究结论支持我一直以来针对文化评论消退趋势所提出的主张。这项由社会学家马修·萨尔加尼克(Matthew Salganik)发起的研究创建了一个在线音乐市场,在这个市场上,14 000多名参与者可以试听时下不被人们知晓的音乐人创作的歌曲。[2] 在一项实验性处理中,在满足独立性条件的情况下,参与者只知道歌曲和乐队的名称,他们需要对歌曲做出一星到五星的评价,并按照自己的偏好下载歌曲。而在其他8项实验性处理中,社会影响力条件被融合到了一起,参与者既知道歌曲和乐队的名称,也知道其他一些比较关键的信息——其他参与者对每首歌曲的评价和下载情况。换言之,这些实验性处理模拟了网络时代的环境,在这样的环境中,我们的判断通常会受制于他人的看法。在独立性条件下,参与者的看法是私人信息,而在存在社会影响力的世界,人们所听到的歌曲已经被划入好或坏的类别,其中一部分歌曲有较高的下载量,另一部分的下载量则较低。在独立的世界中,不会出现好或坏的一致性评价,因此某首歌曲是成功还是失败不会受到可观察的意见的左右。

最终,萨尔加尼克的研究显示,在不知晓他人看法的情况下,文化产品的成功或失败是相对主观随意的。在现实世界,我们对音乐、食物、运动鞋或洗手液的偏好更多地受他人对这些物品的偏好的影响。按照我们对人类心理重要性的分析,他人的意见深远地影响着人们的品位和行动,这一点并不令人感到意外。

在我看来，针对人类影响力的最令人印象深刻的实证研究来源于著名的心理学研究之一：斯坦利·米尔格兰姆（Stanley Milgram）1963年对服从权威的论证。³ 20年前，如果你告诉与你同乘飞机的乘客，你是一位专业的心理学家，他可能会联想到西格蒙德·弗洛伊德或菲尔·麦格劳。今天，米尔格兰姆的知名度让人们能够理解世界上还有另外一群从事科学研究的心理学家。

无须赘述，米尔格兰姆对服从权威的研究已经成为一项重要的文化参考。大部分人对于这项研究所了解到的版本是：耶鲁大学穿着白大褂的实验者要求参与者对他人实施电击，在这个过程中电击的等级逐级升高，直至被电击的对象痛得满地打滚。当实验者要求其中一组参与者（"预测组"）预测有多少人会实施最高等级的电击（450伏特）时，他们预估的平均值仅为1%。事实上，有65%参与此项重点研究的参与者（"研究组"）实施了最高等级的电击。尽管人们厌恶伤害，来自有力权威方的命令却让他们服从了实施电击的要求。

米尔格兰姆还开展了其他不太被大众知晓的研究，这些研究是不同版本的服从权威实验，目的是确定人们在何种情况下接受或拒绝服从权威。⁴ 在这些研究中，米尔格兰姆发现，影响权威服从率的首要因素是另一个人的存在。在其中一个版本的研究中，实验在两名拒绝实施电击的参与者面前开展，此时，仅有10%的参与者服从了权威，而在只有一名参与者实施电击的实验中，93%的参与者服从了权威。米尔格兰姆的研究证明了人类的力量可以动摇最严肃的行动。

人类影响着人们开展不同行动并不令人感到意外。我们所见的每个麦当劳的广告上都写着"我们为数十亿顾客提供服务",这提醒我们他人的行为也是一种有力的营销工具。随着罗伯特·西奥迪尼(Robert Cialdini)的《影响力》(Influence)、马尔科姆·格拉德威尔的《引爆点》(The Tipping Point)及乔纳·伯杰的《疯传》(Contagious)一类的畅销书的出现,对社会影响的研究在流行文化中日益盛行。这些著作都将人类视为改变人类思维最重要的影响力,他们会创造出集体行动并传递重要信息。这些著作有助于传递一种观点:即使身在个人主义的时代,人类行动的根本驱动力还是大众的行为。

在这个主题上,除了思维领导力的崛起,我们还发现,人们事实上低估了人类影响力改变人类思维和行为的广度和深度。首先,人们低估了人类影响力改变社交和政治上的重要行为的能力,人类影响力并非简单地影响人们购买汉堡包或是听歌这样的日常行为。其次,人们低估了人类影响力的深度,它改变我们的思维并因此改变我们的行为。让我们来考察一些例子,以观察人类改变一系列行为的能力,并从中发现我们对人类影响力改变思维能力低估程度的切实证据。

人类影响力的广度

人类改变一系列行为能力的一个例证来自脸书在2010年美国国会中期选举阶段开展的实验。[5]该实验覆盖近6 100万脸书用户，旨在通过增加人们对其他投票者信息的接触来提高投票的参与率。研究人员随机将一部分参与者分配到控制组，这些参与者不会接触到相关信息。而在独立性、纯信息性的条件下，用户的实时更新消息的置顶区域会出现鼓励投票的消息，提供关于投票地点的信息，并设置一个"我已投票"的可选按钮，旁边显示了其他已参与投票的脸书用户的数量——表示他们已经投票。在第三种社交条件下，用户会在实时更新消息的置顶区域收到同样的信息，同时，旁边会随机显示 6 位已经点击"我已投票"按钮的好友头像。

研究人员追踪了参与者自主汇报的投票情况（通过计算"我已投票"按钮的点击次数）和查询本地投票站的点击率，并且通过获取公开途径的投票结果记录来验证自主汇报的投票情况。其中非常重要的发现是，在社交条件下的用户（看到了已投票的好友头像信息的用户）比在其他两种条件下的用户投票率高，查询本地投票站的点击率也更高。而且，纯信息条件和控制条件下鼓励人们投票的结果没有差异。换言之，同时看到好友的头像（人类的面孔）和信息可鼓励人们投票，而只看到信息没有这样的效果。社交信息包含了人类面孔这个条件在 6 100 万用户中得以强化，为 2010 年的选举增加了 34 万名投票者（根据研究人员的估计），相较于上一次中期选取小幅上升了 0.6%。

其他相关研究也利用了社交范式来改变一些重要行为，例如青少年霸凌。两项由心理学家贝齐·利维·帕鲁克（Betsy Levy Paluck）开展的独立研究论证了改变个体在高中时期社交生态系统中的具体行为可以减少学校整体的霸凌状况。⁶ 正如我们很多人对高中时期的记忆，一部分学生被认为非常"受欢迎"，利维·帕鲁克的研究就证实了如何利用受欢迎程度来实现理想的结果。在其中一项针对霸凌的研究中，她和社会学家哈娜·谢泼德（Hana Shepherd）在美国康涅狄格州公立高中识别出了具有密切关系的小圈子的领导人（例如受欢迎的孩子），并将他们部分随机分配到一项干预计划中，旨在宣传"反同伴骚扰"的观念。

该计划包含了一次全校范围的名为"骂人真的会伤害到我们"的集会，学生们在这里就语言伤害和身体伤害展开讨论。领导这次集会的学生随后还参与了宣传运动，以提醒人们本次集会的主题。研究人员在集会结束后和学期末分别对学生们展开了调研，询问他们的社交网络状况、对集体规范的理解（例如，人们的哪些行为被认为是可以接受的）及自身受伤害的经历。研究人员发现，部分学生与参加了"反同伴骚扰"干预计划的受欢迎的学生有着更密切的社交网络，他们对霸凌的态度和规范认知发生了巨大的变化。参与干预计划的小组让人们更倾向于认为伤害行为是不受欢迎的、不正常的。

在另外一项实验中，利维·帕鲁克及其团队在新泽西州的56所中学开展了一项类似于冲突干预的研究，研究人员在28所学校中随机抽取多个包含20~32名学生的项目小组，鼓励他们公开反对霸凌、排斥和散布伤人的谣言，其他28所没有学生参与此项目的学校则作为对照组学校。

在接受干预的学校中，教师们报告的违纪事件一年内减少了

30%。干预组学校的学生（相较于对照组学校的学生）也报告称他们更多地和朋友谈论到减少霸凌行为，并佩戴护腕来宣传反对冲突的信息。这进一步验证了利维·帕鲁克已有的研究结论：受欢迎的孩子在减少冲突中发挥的作用最大。在被分配到减少冲突干预组的学生中，仅有1/5是受欢迎的孩子（通过这些学生具有更高的社交度来评估），但报告显示他们对于减少违纪行为发挥的作用是平均值的两倍。

进一步的研究数据显示，这些学生通过传递关于冲突的社交规范实现了改变。平均而言，与受欢迎的孩子接触过的学生对冲突表现出的反对态度更强烈。总而言之，这项研究证实了改变一小部分关键群体的行为，能够大幅减少更大范围群体中的冲突和侵犯行为。

像利维·帕鲁克的研究成果证明了人们是如何改变初高中学生对非致命暴力的看法的一样，名为"治愈暴力"的组织也利用了类似的逻辑来阻止高风险社区的致命枪支暴力。加里·斯卢特金（Gary Slutkin）是一位流行病学家，此前一直致力于非洲地区的艾滋病和肺结核等传染病的治疗，并于2000年创办了治愈暴力组织。这个组织将暴力的传播视为传染病的传播来建立模型。治愈暴力组织最开始在芝加哥最危险的区域开展抵制枪支暴力的工作，随后，其工作拓展到全球，参与到南非、叙利亚、洪都拉斯等地的反对暴力工作中。该组织通过将暴力视为传染病，识别并治疗暴力倾向最强的高风险人群，这些人也最有可能将暴力传递给其他人。治愈暴力组织的工作模式还包括通过改变人们对暴力的认知来减少暴力的传播，就像通过宣传推广注射疫苗或使用避孕套来预防疾病的传播一样。

治愈暴力组织最初的方法是追踪高风险人群，在其中部署暴力阻断者并改进他们对社会规范的认知。暴力阻断者会随时响应具体的枪击事件，并识别出可能实施报复的人。暴力阻断者通过让潜在的报复者远离冲突或持续追踪来控制事态，让他们冷静下来。暴力阻断者监控着存在暴力的区域并随时待命，以便在枪击事件发生时及时响应。暴力阻断者的效率来源于人们的信赖，他们当中很多曾是帮派成员，也是所在监控区域的居民，很多人既是暴力事件的受害者，也是曾经的施暴者。社区成员相信他们并愿意与其建立联系以阻止暴力情形的出现。

巴尔的摩和芝加哥的独立科学评估显示，治愈暴力组织的主要工作方法经验证非常成功。在治愈暴力组织的监控区域内，这两个地区的社区枪击和死亡事件减少了41%~73%。[7] 然而，直到最近才有证据揭示了这种方式产生积极效应的原因，即暴力阻断者改变着人们的看法并改变着规范。在针对治愈暴力组织2007—2009年在巴尔的摩开展的项目的评估中，研究人员对来自执行过该项目和未执行过该项目的社区的年轻男性居民进行了问卷调查。[8] 执行过该项目的社区的受访者更加反对利用枪支来解决冲突，并且这种状态在项目执行一年之后仍持续存在。这一发现说明暴力阻断者的出现稳健地改变了人们对暴力的看法。

一项更新的治愈暴力组织在纽约市开展的项目的评估显示，2014—2016年该项目中干预组社区和对照组社区的男性青年也呈现相似的模式。⁹在项目的干预措施结束后一年甚至更长的时间里，调查的受访者表示他们越发反对在面临冲突的情形下使用暴力。尽管大量反对枪支暴力的努力都聚焦于增加警力和延长牢狱时间，或是简单地降低枪支的可得性，但治愈暴力组织的努力证明了与能够传递正确信息的正确的人类接触或许更有效。

其他人类所具有的改变思想和引导行为的能力还可以进一步减少偏见。一项引人注目的研究显示，与他人简短的交谈便可以显著降低人们对变性人的偏见。¹⁰政治学家戴维·布鲁克曼（David Broockman）和约书亚·卡拉（Joshua Kalla）开展了一项关于拉选票的实验，他们让游说者在佛罗里达州迈阿密市挨家挨户地游说已登记的选民。在已设定好目的在于游说的实验条件下，游说者需要告诉选民一项提议废止保护变性人法律的投票活动即将开始，并请求他们花一些时间考虑一下如果自己被别人消极地评价为"不是同类人"的情形。此类谈话持续的时间通常不超过10分钟。在控制条件下，游说者会将重点放在谈话的重复循环上。在游说之前及游说结束后的每三天、每三周、每六周和每三个月，都需要选民回答调查问卷以便了解他们对变性人的态度。

在上述的每个时点，经历了游说干预的选民对变性人的态度均有所改善。这些参与者报告的信息显示出针对变性人更高的积极性和包容度，以及对反歧视法更高的支持度。布鲁克曼和卡拉指出，这短短10分钟的谈话降低人们对变性人的恐惧和歧视的程度要大于1998—2012年美国人对同性恋的恐惧和歧视的下降程度。当然，与其他人接触本身不会减少偏见，发挥作用的是谈话过程显著地改变了人们看法的本质。通过询问人们如何看待自己的污点，游说者潜在地鼓励人们站在变性人的角度考虑问题，以此把握人们对不一样的事物持有偏见时的想法。事实上，布鲁克曼认为，在一项类似的实验中，他们想要通过说服改变人们关于堕胎的想法，但实验以失败告终，因为他们难以在这个话题上让参与者设身处地思考。[11]因此，考虑他人意愿、感受、想法和信仰的尝试被证明是一种强大的改变人类思维的方法。

女儿的力量

布鲁克曼和卡拉的研究为一种简单而普遍的现象提供了证据：考虑完整的人性并考虑人们不会本能地思考的他人所处的困境可以改善人们对其所在的整个群体的看法。就更普遍的意义而言，为什么养育女儿是改善男性对女性看法最有效的干预手段呢？答案正在于此。

在反思了自己有女儿之前的职业生涯后，体育记者比尔·西蒙斯（Bill Simmons）对这种现象进行了解释。在《好莱坞报道》（Hollywood Reporter）的一次采访中，西蒙斯回忆自己曾揶揄美国女子职业篮球联赛（WNBA）："过去，在男子和女子体育项目上，我的表现的确非常大男子主义，我常常拿WNBA开玩笑及其他诸如此类的行为。现在，我更像是一名女权主义者，而这一切改变都源于我的女儿。"[12]西蒙斯的言论也因此备受关注，很多人调侃道，西蒙斯因为有了女儿违背了自己的大男子主义真是不幸。近期，越来越多的公众人物——从马特·达蒙到米奇·麦康奈尔（Mitch McConnell），再到杰拉尔多·里维拉（Geraldo Rivera），都使用了某种版本的"作为女儿的父亲"来作为他们公开反对不正当性行为的开场白。[13]他们和西蒙斯一样，也面对他人的嘲讽。然而，科学证据显示他们的经历是真实存在的：通过更普遍地提升对女性的关注，可以减轻针对女性的性别歧视。

另一个证明女儿的力量的例证是金融学者亨里克·克龙奎斯特（Henrik Cronqvist）和弗兰克·余（Frank Yu）的一项研究，他们考察了在首席执行官有女儿和没有女儿的情形下，公司的情况会有什么不同。[14]通过获取入选标准普尔500指数的公司的信息，他们考察了这些公司1992—2012年在企业社会责任方面所做的投资。研究发现当一家公司的首席执行官有女儿时，公司在企业社会责任方面的支出会高出10.4%。而这一效应在针对促进性别平等的多元化政策方面的投资中表现得最为突出。虽然克龙奎斯特和余的研究不能证明有女儿与该效应的因果关系，但它支持了一种可能性的存在：有女儿会推动首席执行官采取对女性更友好的政策，进而对公司的行为产生涓滴效应。

经济学家保罗·冈珀斯（Paul Gompers）和苏菲·王（Sophie Wang）的研究发现在有女儿的风险投资合伙人身上具有相似的效应。[15]他们考察了1990—2016年1 403位以风险资本支持创业的投资人，发现家中女儿数量多于儿子数量的合伙人雇用女性员工的概率要高出24%。性别的多样化也提升了公司的盈利能力。

这些结果都证实养育女儿有助于男性更多地接触女性的内心世界（她们的需求、能力和抱负），这些思考进而使人们对女性行为的包容性更强。

女儿的力量同样影响着法律领域，政治学家亚当·格林（Adam Glynn）和马亚·森（Maya Sen）的研究显示，有女儿的法官更倾向于以有利于女性的方式进行投票表决。[16] 格林和森调查了 224 位美国上诉法院法官 1996—2002 年在性别歧视相关案件中投票表决的情况，他们发现至少养育一个女儿会让法官做出有利于女性表决的概率提升 9%。尽管对于这些效应的解释并不完全清晰，但格林和森考虑了若干种可能的解释，并最终证明这种向有利于女性的方向的转变源于简单的学习（尤其是在样本自身是男性时）。养育女儿使得男性熟悉了那些他们原本或许不会遇到的问题——生育权问题和孕期歧视问题。

人类的影响力具有令人震惊的深度

至此，我们已经见证人类影响力的存在如何影响一系列人类行为：从投票到霸凌，从枪支暴力到偏见，从企业社会责任到法院裁决。我想通过这些案例阐释人类影响力的广度，并让大家意识到，对很多读者而言，人类改变思维的能力是显而易见的。我们常常因定向的市场营销而购买产品或服务。我们会留心父母的叮嘱，父母强调我们的朋友跳下悬崖并不意味着我们也要那样做。我们越来越清楚社交媒体和有线电视上的新闻在影响着我们的政治观点，也对潜在的宣传异常警觉。然而，一再出现的情况是，调查问卷在询问人们对人类改变他人思维能力的评价时，大多数人低估了人类的影响力。

对低估人类影响力的一个经典解释来自心理学家杰茜卡·诺兰（Jessica Nolan）对能源消费展开的一项研究。[17]诺兰分析了加利福尼亚州810位居民的电话访问记录，访问要求受访者评估引导居民节约能源的四个因素的影响力大小。四个因素分别是节约开支、保护环境、造福后代和遵循社会规范（即其他人节约能源的程度大小）。这项调查显示，人们认为社会规范是四个因素中对他们影响力最小的因素。在该调查的第二阶段，研究者实地访问了加利福尼亚州圣马科斯的981户家庭，并在他们的门上放置了不同的标志来鼓励人们节约能源，随后研究者对这些家庭展开了问卷调查并测量他们的能源使用情况。

值得关注的是，研究者在门上悬挂了四种不同的标志，分别代表四个引导节约能源的因素，即节约开支、保护环境、造福社会和表示社会认同（这条信息意味着"大多数邻居也关掉电灯以节约能源"）。在第一次放置标志的一个月后，诺兰测量了每个家庭的能源使用情况，她发现表示社会认同成为降低能源消费中贡献最大的因素——这一结果与电话访问的结果恰恰相反。对这些家庭的访问进一步证实，那些接受社会规范的家庭也是最不会报告自己在意标志的家庭，实际上他们在意别人对悬挂在其家门上的标志的看法。

任何时候，并非只有普通人低估了社会规范改变与保护相关的行为的影响力。在另一项研究中，诺兰及其团队邀请了来自美国和迪拜的能源专家，针对不同的能源节约诉求展开评估。[18]研究人员首先通过联络能源公司，利用邮件用户清单服务展开问卷调查，并且参与能源节约研讨会找到这些专家。随后，他们要求专家们根据针对加利福尼亚家庭的研究中所使用的能源节约信息的分类，对每个因素的能源节约效率展开评估——这些信息分别强调了环境保护、节约开支、社会效益、中立的信息及社会规范（人们节约能源是因为邻居们也在节约能源）。与针对加利福尼亚居民的调查结果一致，专家们认为遵循社会规范这一因素的激励效果不及节约开支这一因素，这意味着在所有信息中，他们最不可能使用社会规范来促进节约能源的行动。诺兰向专家们展示了社会规范具有影响力的证据，他们接受反驳，但同时要求提供更多的实际数据来支持这一观点。换言之，即便是专家也低估了他人改变我们的思维并引导行动的力量。

在相关研究中，心理学家马库斯·巴思（Markus Barth）及其团队分别访问了德国电动汽车领域的专业人士和非专业人士，询问他们使用电动汽车的意愿。[19]两组受访者最常提到的与成本相关的因素，如购买价格，是驱动他们使用电动汽车的主要原因，而没有提及社会规范对电动汽车使用的潜在影响。在后续研究中，巴思询问了601位受访者可能影响他们对电动汽车接受程度的不同因素（包括与成本和社会规范相关的问题）。与诺兰的结论一致，巴思的研究显示社会规范（他人是否赞同或者对驾驶电动汽车表现出兴趣）显著地预测了人们使用电动汽车的意愿。这项研究再次证实人们低估了人类改变他人思维的影响力。社会规范可以真正激发人们使用电动汽车的意愿,然而,没有一位最初的受访者预期到这种影响力。

低估人类的影响力

到目前为止,本章中我们所看到的相关研究均认为他人能够有力地影响我们的行为,同时,我们也低估了他人产生影响的能力。但是,另一个分支的研究认为,人们也低估了自身改变他人行为的能力。近期关于18岁少年康拉德·罗伊(Conrad Roy)自杀案的一项法院判决就阐释了低估自身影响力的致命后果。罗伊长期遭受抑郁和社交焦虑的折磨,最终,他选择将自己的卡车停在凯马特,在卡车内吸入一氧化碳结束了自己的生命。就在这一悲剧发生前不久,罗伊曾走下卡车与女友米歇尔·卡特(Michelle Carter)通电话,他在电话中表现出对自杀的迟疑,卡特却催促他说"赶紧回车里吧"。[20] 在罗伊去世前的几天里,卡特多次给罗伊发短信,鼓励他自杀,她写道:"你只需要待在自己的卡车里,现在周围也没有其他人,因为这是个尴尬的时间。如果你现在不做这件事的话,那么你永远也不会做了。你也可以说你明天再做,但明天你就不会做了。"[21] 陪审团宣判卡特犯过失杀人罪时,专家们认为这个案件或许将确立一项新的有罪宣判判例。罗伊去世的第二天,卡特在罗伊的脸书页面上留下这样的话:"对不起,我没有救你。对不起,我让你这样去做了。"她的道歉或许是自私的，却证明了她从来没有意识到自己的言语对将罗伊推向死亡具有怎样的影响力。

心理学家瓦妮莎·伯恩斯（Vanessa Bohns）和弗朗西斯·弗林（Francis Flynn）对此展开了进一步的研究，他们认为，即使身在任何人都可能成为"有影响力的人"的时代，人们也总是低估自己对他人的影响力。他们发现了一种趋势，并将其称为"服从效应的低估"。用来分析这一趋势的一般性研究方法的设计与其他研究类似。[22] 在实验的第一阶段，他们要求参与者预测：如果需要他人配合完成一项任务，那么自己需要尝试邀请多少个人才能最终完成特定数量的任务（比如，如果需要别人完成简短的问卷，那么你要完成五份问卷需要尝试邀请多少个人参与填写）。在实验的第二阶段，研究人员派出实验参与者实地访问完成这项任务。随后，伯恩斯和弗林将第一阶段的预测值和第二阶段人们真正愿意配合完成的实际值进行了对比。

他们研究发现，大学生低估了要求他人配合完成任务需要实际邀请的人数，低估比例高达50%。这些任务包括填写问卷、借用手机拨打电话、护送他们前往学校的体育馆或是向癌症慈善机构捐款。[23] 同时，人们不仅低估了自己对他人配合完成任务的影响力，而且低估了自己影响他人做出不道德行为的影响力。例如，说出善意的谎言（填写一份表格，声明实验参与者向他们介绍了一门大学课程）或是在书的背面写上"泡菜"字样来污损图书馆的书。[24] 不管是有意还是无意，我们一直都没有意识到自身对他人行为的影响力。这也意味着，我们当中少数能够意识到自身影响力的人可以驾轻就熟地运用这一能力。

　　管理学学者马赫迪·罗甘尼查德（Mahdi Roghanizad）和伯恩斯近期的一项研究为低估服从效应提供了一份重要警示。[25] 该研究再次对比了两种提出帮助请求的方式：通过邮件提出请求和当面提出请求。正如前述研究所示，人们低估了自己当面说服他人帮助完成问卷填写的能力。然而，人们却高估了自己通过邮件说服他人帮助完成问卷填写的能力——高估的幅度超过 26 倍。罗甘尼查德和伯恩斯发现，这种高估是因为邮件的接收者往往会质疑类似的邮件并对是否配合犹豫不决。另外，当面请求更具感染力——他们所接触的是真实的、活生生的、就在眼前的人，事实上实验参与者却一致低估了这种影响力。

　　我的目的并不是展示有多少个人类能够改变思维的证据，而是希望你相信一个事实：我们几乎没有重视这样的现象。我们在这里所看到的是人们在重要的社会或政治问题上改变了想法，但它们对于人们务实诉求的作用还要有效得多，并且改变的程度远远超出人们的预期。为了解释为什么人类的影响力能够以这样的方式持续，社会学家们提供了两个主要的原因：第一，人类展现了有用的信息来源——选择做我们认为其他人也正在做的事情是合理的；第二，选择做别人也在做的事情来实现与他人的契合让人感觉良好。关于从众行为中大脑活动的研究，例如男性参与者同意其他参与者对女性吸引力的评价，表明改变自己的思维以适应他人的看法时，会使用到大脑中与内在激励相关的区域。[26] 一种观点认为，人们会抵制从众行为来避免让自己像"绵羊"。该研究正好为这种观点提供了重要的矫正。但同时，该研究的结论似乎与作家丽塔·梅·布朗（Rita Mae Brown）的看法相矛盾，她认为："从众的回报就是所有人都喜欢你，除了你自己。"[27] 然而，与他人行为一致似乎让我们感觉很好。

第 5 章

以人为中心的激励

与其他人之间的联系是有价值的，他人拥有强大的可以改变我们的思维的能力。在本章中，我们还将看到他人是如何激励我们的。当我们知道自己的工作有益于他人时，人类的心理意义会引导我们更努力地工作。这种花费心血以获得社会影响力的倾向就是心理学家所称的"亲社会动机"。亲社会动机常常会驱使人们为了他人的利益更努力地工作，而不仅仅是为了个人利益。[1] 父母都有过这样的经历，例如，为孩子做自己几乎不可能为自己做的事情（可能是早起）。我们当中有很多人长时间地从事单调乏味的工作，主要就是为了养活家人，同样也受自己所爱的家人所带来的激励效应的影响。

以我高中时代就相识的朋友约翰的情况为例，除了自己的日常工作，约翰还负责运营一个帮助第一代移民家庭和低收入家庭高中生申请大学课程的项目。他这样描述自己的工作："我一直在做我从来没有为自己做过的或者从来没有这么努力做过的工作，但为了他们，我可以全心全意地付出。"他告诉我："我讨厌职场社交，但我愿意为了他们去打电话、发邮件或是见面交流，同时，我也真的非常喜欢这些工作。"还有联络大学资助金，他说自己常常会拨打电话到大学助学金办公室进行陌生拜访,"对我而言,为别人申请和咨询要比为自己做这些轻松得多,更不用说所收获的奖励了"。

约翰的经历十分常见,也和相关实验研究的结果一致。心理学家亚当·格兰特(Adam Grant)针对亲社会动机开展了一项著名的研究,该研究在密歇根大学的电话中心进行,工作人员需要给密歇根大学的男性毕业校友拨打电话以筹集捐款。[2] 最终,电话中心的气氛变得单调乏味且沉闷枯燥。即使最终大部分工作人员募集的资金都用于支持非常有价值的事项,如用于学生的奖学金,但工作人员几乎没有与奖学金的获得者建立互动关系,因此也无法看到他们对其他人产生的影响。格兰特及其团队决定检验更好地突出这种影响是否会作用于人类的动机。

在其中一种实验条件下,他们将获得密歇根大学奖学金的一位学生带到电话中心,让他与部分工作人员分享自己的感谢信,他花了10分钟告诉这些工作人员,他们的工作是如何让奖学金得以成形并帮助到他的。这部分工作人员被作为实验中的人类接触组,即他们面对真实的、活生生的人在赞扬他们改善他人福利的工作。格兰特将其他工作人员纳入了两个对照组:一个作为完全对照组,他们没有接触过任何一个获得奖学金的学生;另一个则作为相对对照组,他们阅读了一份来自奖学金获得者的感谢信(但从未见面),信中内容表达了该学生的感激之情并讲述了奖学金如何改善了他的生活。

格兰特随后追踪了每组工作人员的表现。在干预实施的两周前和一个月后，他分别观察了每组工作人员每周在电话沟通上花费的时间和募集到的捐赠金额。他发现，尽管只有10分钟的接触时间，但以面对面的方式接触到真人的一组的工作电话时长大幅增加：这部分工作人员在干预实施前的工作电话平均时长为108分钟，干预实施后为261分钟。同时，该组工作人员的表现也远远优于相对对照组和完全对照组的表现。此外，与奖学金获得者有实际接触的工作人员所募集的捐赠金额几乎是其他对照组的两倍。

初次开展的研究还涉及向那些通常不会向大学捐赠的捐赠者募集资金。然而，在后续研究中，格兰特证实了与奖学金获得者的接触激励工作人员再次与这些捐赠者联系，并创造出高达5倍的收益。[3] 格兰特及其团队还在另一项实验中复制了人类接触效应的实验，他们要求参与者帮助学生编辑求职信。若参与者与学生见过面或是简短地交谈过，他们就会花更多的时间为这些学生编辑求职信，因为他们相信自己的付出将带来更大的影响。[4] 这项研究证实了通过与实际受益人的接触来了解自身的影响力可以鼓舞和激励人们的行动。

在企业慈善项目中，企业会向社会机构捐赠资金。格兰特的研究也揭示了为什么企业的慈善项目可以增强其自身的激励效果并改善业绩。格兰特的研究证明了人类接触的力量：没有什么比真实的、活生生的人更具激励作用了，仅仅是知道自身的工作可以改善他人的福利就可以发挥激励作用。

大量分析证实了企业慈善项目与企业财务表现之间的正相

关关系，但直到近期才有研究考察了企业慈善项目是如何激励个人表现和动机的。[5] 例如，战略学者瓦妮莎·布尔巴诺（Vanessa Burbano）的研究显示，了解到雇主提供资助以帮助他人后，企业的雇员愿意以更低的薪酬开展工作或是完成本职工作以外的任务。[6]

在其中一项实验中，布尔巴诺以一家企业的身份在一个网站发布了招聘信息，希望招募一批工作人员完成一些机械性的任务，工作内容是根据图像判断人体细胞是良性还是恶性的（基于多种视觉特征）。她随机地让一部分参与者所接触的信息没有任何关于企业的额外说明，另一部分参与者所接触的信息则包含了企业在慈善项目方面做出的努力——在四种条件下让参与者以不同的方式获知这些信息。这些信息或是写明了企业将把 1% 的利润捐赠给红十字会等慈善机构，或是写明如果参与者完成了规定的任务，企业将为慈善机构捐赠一笔小额资金。随后，她询问求职者完成影像判读任务能够接受的报酬是多少。她也提供了非必填的问题，询问求职者关于"附加工作"的内容。了解企业慈善项目的求职者愿意接受的报酬水平比不了解的求职者低 11%，而且他们更愿意在没有额外报酬的情况完成附加工作。这些发现都揭示了企业通过慈善捐赠可以帮助到他人，而这种帮助他人的表现又可以提升员工的表现。

在后续研究中，布尔巴诺又一次以一家虚拟企业的身份在另一个网站发布招聘信息——求职者在这个市场上可以自行"出价"寻找不同类型的工作。她发布了招聘数据录入员的信息。她为一部分求职者提供了企业社会责任目标的相关信息（如期望"在更广泛的群体中产生积极的影响"），对另一部分求职者则没有公开这些信息。接收到企业社会责任信息的求职者比没有接收到信息的求职者的"出价"低44%，这意味着他们愿意以更低的报酬为一家帮助他人的企业工作。

经济学家米尔科·托宁（Mirco Tonin）和迈克尔·弗拉斯珀乐斯（Michael Vlassopolous）的研究也证明了亲社会激励能够让人们更努力地工作。[7]和布尔巴诺的研究一样，他们招募学生参与一项考察工作表现的在线实验，工作内容是完成极其枯燥的书目记录录入任务。在第一种情形下，工作只提供经济报酬，即根据参与者的工作表现支付报酬。在第二种情形下，参与者不仅会基于工作表现获得经济报酬，还了解到研究团队会以参与者的名义向指定的慈善机构（包括促进人权和帮助老年人的慈善机构）捐款。接触到亲社会激励的参与者在书目记录录入任务中的工作效率提升了13%，也使那些原本工作效率低下的参与者的工作表现有所提升。

这项研究模拟了一种情况：当有做好事的机会时，他们愿意更努力地工作；当所为之事有更大的社会影响时，他们愿意放弃当下高薪的工作。我自己恰好在给学生们上一门关于道德的课程（偶尔会是选修课），或许这是我自己选择的一个群体，但我不认为他们是离群者——类似的证词似乎处处可见。以吉姆·左洛夫斯基（Jim Ziolowski）为例，他创立了一家名为"依靠"（BuildOn）的非营利组织，为无人看管的社区提供青少年服务以尝试打破贫困循环。左洛夫斯基提到自己曾参与通用电气的财务管理项目,并可由此开启高薪的职业生涯。但15个月后,他放弃了,并选择创立"依靠"——一个更加以人为中心的组织。[8] 斯科特·哈里森(Scott Harrison)则选择了从事开发水资源的慈善事业,创立了一家致力于把清洁的水带给全世界的非营利组织。在此之前,他过着"纽约夜总会倡导者的自私生活"。还有伊冯娜·卡特(Yvonne Carter),她放弃了金融行业的高薪工作,成为一家非营利组织的资产管理人,该组织致力于协助重振深陷泥潭的社区。[9] 当然,看到诸如此类的事例时,我们听到的故事更多的是为了社会的美好而放弃了财务稳定,而不是在一贫如洗的情况下追求社会的美好。但是,我发现自己遇到越来越多的职场年轻人,他们想要对他人产生影响,想要造福社会。

利用真实的公司信息展开的研究也从实证角度支持了这些故事。管理和战略学者克里斯蒂娜·博德(Christiane Bode)与亚斯耶特·辛格(Jasjit Singh)调研了665名咨询公司的员工,发现他们当中有87%的人愿意为参加有社会影响的行动计划而降低薪酬。[10] 这项计划为非政府组织提供折扣服务,服务对象包括农村地区的女性小微企业创业者等(而非企业客户)。在访问该公司员工的过程中,研究人员发现员工们希望切实改善他人生活的愿望是真正驱动他们参与这项行动的因素。博德、辛格和米歇尔·罗根(Michelle Rogan)共同展开的相关研究也显示参与类似社会行动的咨询公司员工(报酬同时有所减少)留在公司继续工作的概率更大。[11] 这种稳定员工的积极效应再次说明了即便是在以营利为导向的公司工作,即使承受损失收入的代价,员工仍然会因帮助他人而受到激励。

这项研究同时揭示了当人们直接参与公司的慈善活动时,他们的收获是最多的。IBM(国际商业机器公司)就曾经以这样的想法运营一个项目,该项目向具有社会公益性质的活动"借出"精通技术的员工,为其提供专业的免费服务。这些员工暂别IBM,到促进健康、教育及非营利组织协助工作。到目前为止,该项目的参与者似乎都被激活了能量。汤姆·埃格布拉登(Tom Eggebraaten)是在 IBM 工作了 18 年的资深员工、软件工程师,他参与了在撒哈拉以南非洲地区为人们提供化疗和癌症药物的项目。他向我们描述了自己是如何因这段经历而重新振作的,他说:"我真的……能够从一个不同的视角重新看待我的工作。它又一次点燃了我对日复一日的工作的热情,而我也找到了重回初心的方式。"[12]

我的另一位学生特德参与了发现金融服务公司的一项企业慈善行动,他向我讲述了一天的志愿者工作如何发挥出激活效应。特德和其他发现金融服务公司的员工一起在一座城市公园内参与重新粉刷建筑物和修建操场的工作。他告诉我:"这一经历在我重新回到办公室后产生了积极的作用,因为它为大家提供了一个可以共同工作并在自己所在的部门之外建立联系的低风险场所。"而就影响员工的激励效应而言,他认为这一经历"让人们觉得相互之间的连接更加紧密,对公司更有归属感"。我们再次看到,虽然这是一个人的故事,但特德的经历证明:当感受到自己的工作有助于他人时，人们可以且能够更认可自己的工作。

为了爱，还是为了钱

到目前为止，我已经从案例和研究两个方面分享了人们会基于帮助他人而获得自我激励的证据。然而，那些认为人是理性的、自私的成本收益最大化者的人会质疑亲社会激励对自私自利的人是否仍然适用。目前，我们所接触的文献仅略微提及了这个问题，认为人们会为他人的利益而行动，即便这些行动会牺牲一部分个人利益来帮助其他人。然而，这并没有告诉我们人们在牺牲个人利益去做有利于他人的事情时，帮助他人所获得的激励程度是否大于个人利益的牺牲程度。在本书引言中提到的李叶和玛格丽特·李的工作告诉我们，事实上，人们在为他人工作时会付出更大的努力。但是，总体而言，这一主题的相关研究描绘出一种相对杂乱且微妙的状况，我们对此进行了梳理。

其中一个与亲社会动机相关的问题是利益。诚然，当更努力地工作可以让他人获得少量的收入时，人们愿意付出努力，但是当这种亲社会的付出与个人大量的收入相对立时，会是什么情况呢？行为经济学家亚历克斯·伊马斯（Alex Imas）直接检验了这一问题[13]，他设计了一个简单的实验来测量参与者完成任务的努力程度。实验任务需要耗费体力来完成，以测试参与者在60秒内挤压手握式测功机的努力程度。一部分参与者知道自己是为了个人利益来完成任务的（越努力意味着收入越多），另一部分参与者则了解到自己是为了他人的利益来完成任务的（越努力意味着为许愿基金募集的捐赠越多）。同时，伊马斯针对参与者和慈善机构能够获得的收入设置了不同的金额。

伊马斯发现，当利益相对较低（每个等级的努力程度对应五美分）时，相较于个人利益，人们会更愿意为许愿儿童基金付出努力。但是，当利益相对较高（每个等级的努力程度对应两美元）时，参与者为个人利益和他人利益而努力的程度没有差异。因此，在这项研究中，以人为中心的激励看起来更像是自我激励，但激励效果随着利益的增加而减弱。

其他比较个人激励与亲社会激励的研究则通过握力测试任务发现，人们在回报和努力水平增加时变得更自私。[14] 心理学家帕特里夏·洛克伍德（Patricia Lockwood）及其团队在多次实验中让参与者在两个选项中做出选择：一是毫不费力地使用握力器（基准选项），二是付出不同程度的努力来获取对应不同等级的更好的回报（可选选项）。此外，一部分参与者获得的报酬属于自己，另一部分参与者则被告知获得的报酬属于他人。当获得报酬需要的努力程度较低时，参与者愿意付出微小的努力使自己和他人都获益。然而，当获得报酬需要的努力程度较高时，人们倾向于付出努力使自己而非他人获益。当利益增加时，个人激励超越了亲社会激励。

通过将研究置于不同的"动机性"环境中，另一项关于亲社会激励与个人激励的研究考虑了更多的复杂情况。行为经济学家阿亚莱特·格尼茨（Ayelet Gneezy）及其团队考察了人们在迪士尼公园购买纪念照片的意愿。[15] 超过 113 000 名游客乘坐了过山车并在游玩结束后得知自己可以付费购买在乘坐过山车过程中拍摄的照片。格尼茨及其团队设置了四种不同的定价条件来控制个人激励和亲社会激励。在第一种条件下,游客可以12.95 美元的价格直接购买纪念照。在第二种条件下,游客可以12.95 美元的价格购买纪念照,其中一半的金额将被捐赠给慈善机构(一个患者援助基金会)。在第三种条件下,游客可以"自愿支付的任意价格"(pay what you want,PWYW)购买照片,即如果游客想要获得照片,可以支付很少或者很多的任意价格。第四种条件则将 PWYW 条件与慈善捐赠相结合:游客可以支付任意价格,其所支付金额的一半也将捐赠给患者援助基金会。

这项实验的发现非常有趣。首先,只有少量游客选择了包含支付 12.95 美元购买在内的两种条件,直接呈现了人们对于花钱购买纪念品表现出犹豫的态度。然而,选择包含 PWYW 条件的支付率非常高,并且选择"纯粹"的 PWYW 条件的意愿几乎是选择 PWYW 与慈善捐赠相结合条件的两倍。这一发现揭示了在个人利益和帮助他人获益的机会之间,人们更多地受到前者的激励。但是,这还不是问题的全部。通过考察愿意购买照片的游客实际支付的金额(在两种包含 PWYW 的条件下),结合了慈善捐赠的 PWYW 条件的实际支付金额竟然是纯粹 PWYW 条件下实际支付金额的 5 倍多:前者平均每张照片的实际支付金额为 5.33 美元,而后者平均每张照片的实际支付金额为 0.92 美元。因此,结合了慈善捐赠的 PWYW 条件为该主题公园创造了最高的利润（即便总销售额更低）。

这项研究论证了个人激励与亲社会激励之间是如何相互作用的。在没有提问的情况下，通过比较无附加条件地购买纪念品（如果愿意的话）和购买附带慈善捐赠条件的纪念品的不同选择，可以发现人们更加偏好不被提问。然而，当购买纪念品结合了慈善捐赠因素时，却激发了人们的社会情感——带有一些同理心，可能还有些许负罪感，而这些社会情感促使我们支付更多金额以帮助他人。

至此，我们考察了从使用握力器到购买纪念照的研究，但它们相对而言与人们的工作表现存在差距。近期其他相关研究考察了亲社会激励与个人激励如何影响人们在重要工作场所的行为：让航空公司的机长提升飞行过程中的燃油使用效率。据了解，美国大型企业的碳排放量占全国年碳排放总量的 20% 以上，因此，提升燃油使用效率将对全球产生重大影响。经济学家格里尔·戈斯内尔（Greer Gosnell）及其团队由此展开研究，探索使用三种创新方案来激励维珍大西洋航空公司的机长们提升燃油使用效率。[16] 他们的实验将机长们随机分配到三个干预组和一个没有受到任何有意义的激励的控制组。第一个干预组的机长可以收到自己在 2014 年 2—10 月的航程中燃油使用效率的反馈——本组机长唯一接收到的"激励"（如果你愿意称其为一种激励）就是反馈的信息。第二个干预组的机长可以收到燃油使用效率的反馈，并且制订了个人提升燃油使用效率的目标。如果机长们达到了设定的目标，研究团队就会向他们发送："干得漂亮！"据此，在

第二种条件下产生了两种不同形式的激励：一是任务完成，二是认可。第三个干预组则运用了亲社会激励来鼓励机长，即机长们设定个人目标，收到燃油使用效率的反馈，并了解这样一条信息：在每个给定的月份完成设定目标后，研究团队会向慈善机构捐赠 10 英镑。

那么，哪组表现最好呢？亲社会激励组在提升效率方面的表现优于控制组，但表现不及设定个人目标的组别。事实上，相较于控制组，所有受到激励的小组的表现都有所提升。然而，亲社会激励组在其中一个指标上显著地优于其他小组——工作满意度。亲社会激励组的机长报告的工作满意度比控制组的机长高 6.5%，身体状况差和身体状况好的员工在工作满意度上的差距与此相当。此外，工作满意度与工作表现呈正相关。因此，亲社会激励和个人激励对提升效率产生的影响是相同的，但亲社会激励提升了人们的工作满意度，因而会对工作表现产生更持久的影响。

在另一种截然不同的工作环境中——鼓励医生和护士在工作期间洗手，亚当·格兰特和组织行为学家戴维·霍夫曼（David Hofmann）直接对比了亲社会动机和个人动机的情况。[17] 洗手并非微不足道的小事，相关研究显示，医护人员增加洗手次数，可以预防医院 70% 的病人感染。[18] 然而，仅有 40% 的医护人员遵守洗手的规则。[19] 格兰特和霍夫曼通过在医院的洗手区域设置不同的标志来开展个人激励和亲社会激励的实验。一部分标志通过这样的文字强调洗手对医护人员的好处——"手部卫生帮助你远离疾病"，另一部分标志则突出洗手对病人的好处——"手部卫生帮助病人远离疾病",控制条件下的标志则写着"涂抹洗手液,冲洗干净"。

在放置这些标志两周前和两周后,研究人员分别测量了不同标志下洗手液分装袋的重量。虽然在强调个人利益和病人利益的洗手区域没有发生其他有意义的改变,但强调病人利益标志区域的洗手液使用量增加了45%,这意味着强调他人利益区域的洗手行为增加了。而且,这些结果也说明了比较只使自己受益的行为和让他人受益的行为,人们在工作中总是会因让他人受益的激励而表现更优。

其他研究还比较了协作环境中的亲社会激励和个人激励。[20] 在其中一项研究中,心理学家拉林·阿尼克(Lalin Anik)在休闲性的躲避球球队中分配了两种形式的奖励:一部分球队获得20美元的个人奖励,每位队员可将奖励花在自己身上;另一部分球队则获得20美元的亲社会奖励,每位队员只能将奖励花在队友身上。两周之后,亲社会激励条件下的球队表现得更好,其胜率相对于个人激励球队的胜率几乎翻倍。

阿尼克及其团队在比利时一家医药公司的销售团队中也发现了相似的效应。与躲避球球队的研究类似,他们将销售员随机分配到个人奖励组和亲社会奖励组。在分配奖励之前和分配奖励的一个月后,研究人员分别观测了销售员的工作表现。现在我们可以预测,亲社会奖励提升了小组成员的销售业绩,在个人奖励组则没有观测到这样的效应。亲社会奖励让员工意识到自己是为团队成员而努力的,因此提升了整个团队的工作表现。这些研究都证明：当人们因受到他人的激励而工作时，不仅人们自身的努力程度有所加深，人们之间的协作水平也有所提升。

PollEverywhere 是一个为讲座和课堂提供在线测验的平台，它实施了一项同伴奖励计划（我将在下一章进一步介绍这个项目）。该计划让员工们互相赠送礼品卡以认可他人的出色表现。不仅员工们非常享受这个计划，公司还发现有 2/3 的礼品卡来自公司的远程工作人员，这项计划使他们更好地融入组织。[21] 同样，让他人而不是自己获益的机会激活了员工之间的协作。

那么，亲社会激励完胜个人激励的案例与二者的胜负不那么明显的案例有什么区别呢？在考察握力器、选择是否购买过山车纪念照和在航程中节约能源的案例中，个人激励有时候表现得比亲社会激励更好，或者至少二者的作用相当。在躲避球、销售团队和洗手的案例中，亲社会激励明显优于个人激励。在我的认知中，二者的区别在于后者面临的情况明确需要更多协作、更多社交和更自然的以人为中心的情形，在这些情形中，人们是相互依靠的。亲社会激励似乎在这些人占据第一位的情形中更有效。然而，即便是在社交更少的情形中，个人激励的表现也很少击败让他人获益的机会。

****

在第 2 章和第 3 章中，我们提到了人类赋予食物、信息、物品和艺术品意义、价值与道德，我希望以第 4 章和第 5 章的内容揭示人类心理影响最真实的结果。也就是说，其他人正在以被低估和未能预期的方式影响我们的行为，他们同时激励着我们更努力地工作和完成任务。在其他情形下，我们或许不会这样做。

那么，我们重视其他人的趋势正在衰退意味着什么呢？如果其他人是影响力的主要来源，人们会因为只是简单地自我思考而不是跟随其他人而受益吗？在哪些他人是主要激励来源的案例中，人们会仅仅因他人的激励而备受鼓舞呢？上述每个问题的答案都有一定的不确定性，但我想不把人类视为影响力和激励的来源一定存在若干弊端。

如果不把人类视为影响力的主要来源，那么社会规范将会消失。这里的社会规范是指习俗、法规和规则，我们遵循它们仅仅是因为别人也遵循它们。假定这些社会规范构成了我们在更大的群体中参与合作的能力，那么它们的消失就意味着对我们所在群体更大的侵蚀。历史学家尤瓦尔·赫拉利的著作《未来简史》的主题就是我们作为一个物种得以繁荣的能力基于我们合作的能力，我们合作的能力又来源于我们相信规则的意愿——我们相信每个我们所相信的东西，赫拉利也将此称为将我们捆绑在一起的"神秘的黏合剂"。

赫拉利描述了人类历史上的伟大社会："所有的合作网络——从古代的美索不达米亚城邦到中国秦朝再到罗马帝国——都是'想象的规则'。维系它们的社会规范既不是基于根深蒂固的本能，也不是基于个人的熟识，而是基于对共同神话的信仰。"[22]这些神话不仅包括宗教，也包括法律、国家边界甚至金钱——那些没有内在客观真实性但掌控着人们生活的东西,并仅仅因大家都认同它们而维系着大规模的合作。

把人类视为影响力来源的优点在于它创造了一种必要的从众。虽然在美国从众对很多人而言是一个贬义词,但事实证明,相对于世界上其他贬损这个词的人,美国人是异常值。美国人对个人主义的追求忽视了让社会互动拥有指导原则的重要性——人们会遵循这些原则只是单纯地因为每个人都遵循它们。

同样,我在第1章所描述的弱人性化的趋势会减弱亲社会动机的作用,侵蚀人们合作的能力。到目前为止,亲社会激励只能在人们考虑并关心其他人的需求、欲望和感受时发挥作用,远离为他人考虑的趋势则会产生反作用。当然,人们也会因个人利益而受到激励(正如我们在本章中看到的),但这种方式的激励通常会侵蚀人们为共同利益而努力的动机。例如,以对每笔交易支付佣金的方式激励销售人员,不仅无法引导他们为公司创造更大的价值,而且无法引导他们为客户提供更好的产品——佣金只能激励销售人员更多地销售产品。此外,与通过激励人们为他人利益而工作相比,通过个人利益实施激励,如增加佣金奖励、提高基本薪酬或提供股权激励,是非常昂贵且难以持续的。更不用说部分研究显示,在自我导向的内在激励缺失时,亲社会动机是一种能够提升工作人员士气的特殊激励。[23]

人类不仅是影响力和动机的有力来源,也是引导和鼓励行动的力量——这些力量让人们团结起来共同发挥作用,维护了人类文明的根基。当我们的生活因科技而变得更加独立,我们的工作更加依赖系统、平台和机器时,忽视他人将会减少合作、变现力和目的性。在接下来的两章中,我们将了解如何在生活的不同领域唤醒人性,这些领域过去逐渐被物而不是人主导;我们将了解如何缓解这种弱人性化的趋势,以提升生产力和幸福感、增强社会联系。

第二部分

第 6 章

自动化时代的人性化

自动化和移动科技的出现也开启了科技批判的黄金时代。2008年《大西洋月刊》的一篇封面报道提问："谷歌让我们变得愚蠢了吗？"2017年该刊的另一篇文章发问："智能手机毁掉了一代人吗？"在《纽约时报》《纽约客》和《华盛顿邮报》上，每周都可见科技导致社会消亡的控诉。当然，这些批判并不是新鲜事，它们也不只出现在数字时代。

民权运动领袖马丁·路德·金是被人们忽略的科技批判主义先驱，他曾说："我们必须迅速开启转变，从'以物为导向'的社会转向'以人为导向'的社会。当机器、计算机、利润动机和财产权利比人更重要时，种族主义、物质主义和军国主义三大巨头就会变得无法战胜。"[1] 尽管在马丁·路德·金的时代，科技尚不发达，但他认识到这是一股弱人性化的力量。他将科技与利润和财产合并在一起，以证明人类社会是如何变成将"物"和人放在同样重要的位置，甚至认为"物"比人更重要的社会的。

"物"常常是一个模糊的词，它本质上是没有生命、没有知觉但具有重要共性的实体。无论是为人类工作的科技，还是承载着政府和公司决策的市场和数据这样无形的东西，抑或同时具有象征性和真实价值的财产这样的半无形性的物品，都有一个共同的特质：将人类相互之间分隔开来。与物相处的时间替代了与人相处的时间，同时，这些物品也成为人与人之间互动的媒介——它们置身于人与人之间。正如我在第 1 章中提到的，人们越来越多地使用科技进行沟通（而不是面对面沟通）的趋势阻碍了人们对他人的想法、感受和意愿的理解。跳出科技领域，回到完全的物的领域，我们也了解到，不断拓展的市场化进程决定了人们的价值或是取决于为雇主创造利润做出的贡献，或是取决于自身所拥有的财产。同样，这些趋势忽略了人们本身作为人类的内在价值，无论他们所做的贡献大小以及拥有的财产多寡。马丁·路德·金的宣言也指出，聚焦于机器、利润和财产正导致社会向以物为中心的方向发展，这与第 1 章所展示的数据完美契合。

马丁·路德·金对人和物的区分同样具有价值，这种区分与反映人类认知的心理学理论完全一致。这些理论认为，人类思想的很多特征都可以用两种过程来刻画，心理学家西蒙·巴伦-科恩（Simon Baron-Cohen）将这两种过程称为系统化过程和情感互动过程。巴伦-科恩及其团队在一篇具有里程碑意义的文章中描述了这两种过程："情感互动是一种通过推断对方的心理状态并以合理的情感回应对方来预测和响应其他对象（通常是人）行为的能力。系统化是一种通过分析输入—运行—输出关系并推断控制该系统的规则来预测和响应无人管理的确定性对象行为的能力。"[2] 换言之，情感互动过程与人类的意义相关，而系统化过程与物的意义相关。在巴伦-科恩的理论中，这些趋势可以是相互平衡的，也可以是一种过程主导另一种过程——系统化过程超越情感互动过程，这也是自闭症的主要特征。尽管这一理论采用了过于简单的二分法，但对情感互动过程和系统化过程的测度的确分别依赖于对大脑两个关联区域——与社会性思维相关和与非社会性思维相关的区域——脑部活动的观测。[3] 此外，这些脑部关联常常表现出负相关，因而其中一个区域活动更活跃便抑制了另一个区域的活动。[4]

总而言之，这些发现再次证明，以物为导向的认知和以人为导向的认知之间的关系大部分是零和关系，即我们对物的关注压制着我们对人的关注。在本章和接下来的一章中，我们将考察以物为导向的社会的双重引擎——工作与科技。二者都是以牺牲情感互动过程为代价，推动了系统化过程的。但是，我认为无论是工作还是科技都不必是弱人性化的，它们都可以用来推动以人为导向的思维。

机器人何时到来，以及它们为谁而来

工作和科技共同作用的弱人性化趋势在社会向自动化转变的过程中表现得最为明显。在这个过程中，机器代替了传统意义上由人来执行的任务和进程。自动化的可怕之处已经开始发挥巨大的经济效应，因此，一部分利益相关者开始尝试预测机器在劳动力市场占据支配地位究竟还需要多长时间。

对这一问题的实证研究相对匮乏，相关研究中引用率最高的是学者卡尔·贝内迪克特·弗雷（Carl Benedikt Frey）和迈克尔·奥斯本（Michael Osborne）的成果。2013 年，弗雷和奥斯本预测了 702 种不同的职业在未来 20 年完全被自动化替代的敏感程度。[5] 他们使用了美国的数据作为样本来描述每种职业的不同特征（基于员工的自我描述），从中识别出 70 种（他们认为）可以被自动化替代或不能被自动化替代的职业。随后，他们在机器中植入了学习算法，使其基于 70 种职业分类、每种职业的特征及研究者分类的初始信息集合来划分每种工作自动化的可能性。按照这样的分析，弗雷和奥斯本识别出 47% 的工作存在被自动化替代的风险，电话推销员、会计师一类的工作自动化的概率甚至超过 90%，牙医和娱乐治疗师等工作自动化的概率理论上为零。

有人质疑弗雷和奥斯本的分析，认为他们没有考虑职业的异质性（即工作通常包含多项任务）和职业对自动化过程的适应能力。例如，经济学家梅拉妮·阿恩茨（Melanie Arntz）及其团队的一项分析显示，考虑这些因素之后，美国仅有 9% 的员工面临程度较高的工作被机器替代的风险。[6]

另外一项最佳预测来自 2015 年的调查。该调查访问了全球 1 634 名顶级的人工智能（AI）专家，请他们估算各种类型的工作中机器表现优于人类表现的概率。[7] 最终仅有超过 20% 的专家反馈了结果，他们认为有 45% 的概率出现以下情况：在未来 45 年内，AI 表现优于人类表现；在未来 120 年内，实现完全自动化。该调查也对具体职业进行了评估，专家反馈的估算显示：到 2027 年，AI 可能在货车驾驶方面超越人类；到 2053 年，AI 可能在执行外科手术方面超越人类。

上述分析大都基于对有限样本的复杂推理,还有一部分研究利用历史数据研究了自动化对就业的影响。经济学家达龙·阿西莫格鲁(Daron Acemoglu)和帕斯夸尔·雷斯特雷波(Pascual Restrepo)考察了1990—2007年工业机器人的使用对美国劳动力市场的影响,研究发现机器人的引入对就业造成了一致的负面影响。[8] 同时,他们也发现最强的负面影响出现在制造业领域和与组装及日常体力劳动相关的岗位,这并没有出乎人们的意料。

我认为这些报告很大程度上毫无帮助,因为它们所得的结论都是意料之中的,而我们将深入探索为什么会出现这样的结果。评论人士大肆宣传不那么容易被自动化的技能,理由是计算机和机器人无法完成它们。然而这里的暗示是,人们如果要避免自己的工作被自动化替代,就必须改变自己。你需要接受更多的教育和培训,即便没有支付能力也要这样做;你必须掌握新的技能,即便你认为这些技能并不是你想要的或是感兴趣的。部分受到自动化威胁的产业已经开始投资"重获技能"项目来培训技能容易被自动化替代的员工(例如卡车驾驶、煤矿开采),让他们成为更独特的人。

那么,究竟哪些技能能够使人们成为更独特的人呢?其中一大类技能包含与社交和情商相关的属性。在我和迈克尔·诺顿针对机器人外包的研究中,我们发现人们对机器人的刻板印象是它们在思维方面(例如认知、分析和协商的能力)技艺精湛，但在感受力方面（例如体验情感、痛苦和快乐的能力）有所欠缺。[9]而这种刻板印象引导人们反对机器人替代人类的部分工作，如社会工作者、幼儿教师等表面上需要社会交往、社会认知和情感响应的工作。当我们让受访者考虑自己的工作所需要的情感程度和认知程度时，人们也反对让机器人从事他们的工作——考虑到工作中情感的作用让人们倾向于认为机器人无法完成这些工作。

我们的发现与部分专家的建议不谋而合，即建议人们训练自己的社交情感技能以避免自己的工作被自动化替代。例如，经济学家戴维·戴明（David Deming）分析1980—2012年的就业增长情况后发现，需要社交技能的工作增加了24%，而数学密集型工作仅增加了11%。[10]在接受《哈佛商业评论》的采访时，戴明谈道："那些可以单独待在一边为了数学问题坚持不懈地努力并获得不错的薪水的日子渐渐结束了。"同时他指出，现在很多工作都同时需要定量技能和社交技能。[11]瑞安·费特（Ryan Feit）是众筹平台SeedInvest的首席执行官及创始人，他也在接受《福布斯》的采访时提到："机器人仍然是可怕的交流者和问题解决者……学校应当朝着强调批判性思维和社交技能的方向培养人才。"[12]费特还提到："在未来几十年里，机器人学会如何设计和管理自己的可能性非常小，因此，学校应当重视创造性和管理技能的培养。"这些建议再次强调了人类在社交和情感技能方面相较于机器人的优越性，包括与其他人沟通及管理其他人。

除了增强人们的社交技能以避免被自动化替代的建议，第二个常常被提及的技能是应变能力。评论人士告诉我们，人类应对不可预测性、创造性和非随机性的能力能够与机器人完成远程工作的能力相抗衡。由于随机应变的能力多是指应对出乎意料的情况，我决定向即兴创作的专家马特·贝瑟（Matt Besser）请教这个问题。贝瑟是一名演员、导演，也是喜剧明星，他以在芝加哥即兴表演奥林匹克剧院联合创办的传奇即兴表演巡回演出《良民旅》而闻名。贝瑟邀请我到他的播客"人类即兴表演"做客聊天。当我问他是否想过机器人有一天可以完全掌握即兴表演技巧时，他对此表示怀疑。[13] 他告诉我："两个机器人不可能有趣，但我想或许可以让其中一个机器人充当搭档谐星，让他（和人类）创造一些有趣的场景。"贝瑟的主持搭档也补充道，我们可以教会机器人喜剧的模式，例如"万事皆三"，但需要利用机器人的机器性来制造笑点。换言之，机器人可以掌握喜剧的基本原则，但无法真正地应对真实的即兴表演。

商业专家通常都认可人类在应变能力方面的表现优于机器人。例如，雅达利（Atari）的前战略规划副总裁、管理咨询师约翰·哈格尔（John Hagel）认为："如果是照本宣科式的高度标准化的工作，没有任何个人主动性或创造性发挥的空间，那么机器人大体上要比人类完成得好得多。它们更具可预测性，也更可靠。"哈格尔还补充道，这类工作照本宣科式的本质也让其具有可替代性，并提到："从失业和失业率的角度，我们之所以在自动化过程中面临问题，本质就在于我们把这些工作设计得过于具体，以至于它们在自动化面前脆弱不堪。"[14] 哈格尔认为，让工作不那么常规是人类减缓自动化威胁的关键。

《福布斯》上另一篇名为"想要避免被机器人替代，你需要知道这些"的文章也提出了避免常规性工作的建议。琳达·秦（Lynda Chin）医生在这篇文章中介绍了自己主持的一个项目，该项目利用 IBM 的 Watson 计算系统来完成癌症的自动诊断和治疗。她说："大部分医生都在诊治常规的病例，遇到罕见的病例时就会特别需要专家的意见。"[15] 秦认为，她的项目（最终会停止）揭示了自动化系统可以评估标准化的病例，但对于非典型病例，人类医生确实必不可少。

我也和大数据处理服务公司 ClearStory Data 的创始人及首席执行官莎米拉·马利根（Sharmila Mulligan）讨论了这个话题。该公司从事商业分析业务，为众多产业提供分析意见，包括制造业、传媒行业、金融服务业等。[16] 她创建了多家科技公司，也在多家公司的董事会任职，身处思考人与机器如何合作的最前沿。马利根向我介绍了自动化领域的进展，包括制造业和自主飞行领域，她说："自主飞行取得的进展比自动驾驶更大。"出现这种情况的部分原因是飞机"面临的事件更少"，因而遇到的"异常"事件也更少。在介绍人类在未来的人类与机器的合作关系中的作用时，她指出"人类是处理异常情况的核心"。换言之，人类的重要性体现在处理异常之中，而非常规行为之中。

那么，缺乏随机应变能力的工作的数据表现如何呢？近期，吉多·科尔特斯（Guido Cortes）及其团队发表的一篇题为"正在消失的常规工作"的论文揭示了劳动力市场的数据。根据科尔特斯的定义，具有"定义完整的指令"、缺乏"灵活性、创造性、问题解决导向或人类互动"的工作在美国就业市场所占份额大幅下降。[17]而且，这些工作的就业率在1979—2014年从40.5%下降至31.2%，这也说明了人们需要围绕机械程度更低、人工程度更高的工作培养技能。经济学家戴维·奥特尔（David Autor）也展开了相关研究并发现了相似的模式，奥特尔指出："工作两极分化的关键因素之一就是常规工作的自动化。"[18]

企业顺应这些趋势的方式之一是训练人们提升学习技能。[19]在常规工作中，学习是一件相对而言不那么重要的事情，但是当工作的可预测性减弱、可变性增强时，员工们就必须学会如何适应。例如，印度的科技服务公司印孚瑟斯就会培训员工提升创造力一类的学习技能。在一次研讨会上，通过在模拟实体零售空间中进行实验，员工们需要完成重新构想数字零售经验的任务。这项训练旨在提升公司前首席研究与设计官桑杰·拉贾戈帕兰（Sanjay Rajagopalan）所称的"学习加速度"，即一个人将好的想法转变为出色的想法的速度。[20]

电信巨头美国电话电报公司提供"纳米学位"，开展培训员工学习技能的短期课程。微软公司则将员工互相学习的情况纳入了绩效考评标准。企业也相信，即使科技可以掌握工作任务的大部分静态特征，并且能够纳入一定时间段内的变化（就像机器学习算法已经可以做到的那样），人类仍然可以证明自己在适应不断变化的工作场景中具有优势。

我们已经提出，社交技能和应变能力是这个越来越自动化的时代的重要技能。但是完成包含社交技能和应变能力的任务同样是一种认知需求，并且也许会让一部分人感到不可靠。在接下来的部分，我将说明员工和企业如何最大化这两种技能。提升这些技能能够改善员工福利，也能让他们从机械行事的人群中脱颖而出，并且以一定的方式让企业的收获超越自动化为企业带来的潜在的成本节约。我也会介绍这种双技能战略的局限性，并提供第三种解决方案来补足社交技能和应变能力，这种方案将帮助人们在工作环境中及工作之外的生活中重新唤醒人性。

掌握社交技能

要增强工作的社交属性，即人们感受到相互连接、相互理解、具有理解他人的能力以及帮助他人的动力，我想需要三项特别的策略：提高员工的社交能力（如同理心）、突出员工工作的社会影响（他们的工作如何影响他人的福利），以及强化员工内部的社会归属感（共同认知与合作）。这三项策略的实际应用基于不同的产业和企业有所区别，但在任何工作场景中我们都可以至少提升其中的一项。三项策略都非常重要，我们将依次考察每项内容的实证。

提升员工的社交能力非常具有挑战性，而且机器或许最终会掌握一定的社交能力——我们将在下一章对此进行阐述。然而，训练这类能力，尤其是展现同理心这样的能力，不仅可以增强工作的社会属性，也将改善员工的工作表现和客户满意度。

在少数领域内,同理心的重要性甚至超过了客户服务。虽然弗雷和奥斯本关于自动化的研究报告认为客户服务代表有55%的可能性被自动化替代,但人们仍然更喜欢接受人类而不是机器人提供的服务。调查显示,客户(即便是精通科技的千禧一代)压倒性地偏好由真实的人类而不是机器人提供的客户服务,尽管这些受访者也都表示对客户服务并不满意。[21] 也就是说,人们希望由人类为他们解决客户服务问题,但通常又不喜欢和这些人互动。在一项具有代表性的客户调查中,1 000 名受访者中近50%认为只要客户服务是有效率的,那么他们乐意接受聊天机器人提供的服务。[22] 要维持人类在客户服务领域的就业,拥有同理心非常重要。如果不具备同理心,人们虽不情愿但仍将接受机器人提供的服务。

将同理心放在客户服务首位的企业也会获得相应的客户忠诚度。以西班牙电信的德国公司为例,作为跨国电信公司的德国前哨,该公司实施了一项同理心培训计划,并见证了客户满意度在6周内上升了6%。[23] 同理心训练的内容在不同的场景中差异很大,但能够聚焦于培养具体的能力,如倾听和理解他人的感受,或者聚焦于角色扮演以了解他人的感受。可获得的有限的实证研究显示,同理心训练可以激发医疗领域专业人士、社会工作者甚至犯罪人群的同理心。[24] 但是,几乎没有研究定量地考察企业环境中同理心培训的作用。

为了分析这一问题,让我们来考察几组在培训之外的能够证明同理心有益于组织的实证。第一组来自全球共情指数(Global

Empathy Index），该指数是一家英国咨询机构开发的用以评价企业同理心的指标。它结合调查数据、社交和金融数据及企业在社交媒体互动的文本分析来对指标进行评分，这些指标包括员工对首席执行官的看法、道德实践以及对客户需求的敏感度等。2015 年，该指数排名最高的 10 家公司（如奥迪、领英）所创造的收入比排名最低的 10 家公司（如瑞安航空公司、沃达丰）高出 50%，同时前者的价值增长也是后者的两倍多。

其他相关的实证还有 2007 年由创造性领导力中心开展的研究。该调查访问了来自 38 个国家的 6 731 名管理者，调查结果显示，下属对其同理心评价越高的领导者，上级对他们的工作表现评价也越高。[25] 另一项证据是 2014 年研究机构 Catalyst 对来自 6 个不同国家的 1 512 名员工展开的调研，该研究发现，认为自己的经理是无私的领导者的员工在创新和团队行为（如协助团队成员的工作、承担请假同事的工作）方面表现更佳。[26] 无私的领导力在这一背景下指具有同理心的行为，包括牺牲自己的利益来激励他人，以及从他人的批评中汲取经验。这些不同的研究都指向了一个共同的结论：确保员工考虑他人的需求有助于提升工作业绩，无论是对员工、企业还是更大的群体，这一点都成立。

除了直接进行培训，企业应当如何成功地增强高级管理者的同理心，让他们保持对人的重视及无私的领导风格呢？到目前为止，这个问题的答案并不明确。因为直到最近企业才开始意识到社交技能的重要性，但我们可以通过考察部分企业的做法获得一些线索。

增强工作的社交属性（增强对同理心、相互连接和影响力的感受）的一种方法是向员工强调他们所服务的人类客户的重要性。这种思维方式可以概括为以人为中心的设计（也被称为"设计思维"）。近30年来，这种思维方式在众多行业和企业中非常流行。艾迪欧咨询公司是设计思维的大力推广者，他们利用这一逻辑完全重构了产业、数字、组织、产品和商业设计。例如，在一个项目中，艾迪欧设计了一款名为"Moneythink"的手机应用程序，向低收入青少年提供金融知识培训。设计思维的关键步骤在于产生对产品用户的同理心，因此，该团队到这些青少年居住的芝加哥周边地区进行了实地走访。通过了解青少年获得资金的社交背景（通常他们的资金来源是生日聚会等社交场合，而资金的花销也主要用于这些场景），艾迪欧在手机应用程序中添加了一个社交元素以提升它的用户友好性。

在一个消费型产品的场景中，宝洁公司利用设计思维开发了一款非常成功的地面清洁产品——速易洁。人种学团队研究了人们在日常生活中如何清洁地面，他们发现大部分人会在拖地之前清洁拖布，并且拖地所花费的时间和清洁拖布所花费的时间相当。速易洁加入了一张可更换的拖布作为拖把的配件，从而去掉了清洁过程中耗时的工序。这一设计使得它跻身销售额百万美元的畅销品之列。设计思维促使企业思考用户的想法，出发点不仅仅是为了把产品销售给他们（广告的功能），更是向他们提供一种可以满足其需求的最佳选择。

设计思维能够改善产品设计——不论是手机应用程序还是家

庭用品，还能够为员工提供更宏大的使命感。艾迪欧的前执行官尼尔·史蒂文森（Neil Stevenson）向我讲述了他与一家涂料公司合作时的经历。[27] 在这个项目中，艾迪欧的任务是帮助人们选择涂料的颜色。尽管史蒂文森在一开始就看到了项目机械式的原理（"一个无聊的项目的定义……然后慢慢等着涂料变干"），但他仍然在研究购买涂料行为的过程中发现了一个人种学的闪光点。他告诉我："我带着相机在那些销售硬件的商店过道里闲逛，然后拍下了一对夫妇的照片。丈夫正在挑选涂料，而妻子无精打采。这里就是涂料走廊的剧场：丈夫想要的是涂料的颜色，而妻子期望的是一种情感。"就在那一刻，史蒂文森意识到："这就是问题所在。如何同时满足这两位消费者的需求呢？在有了这次经历并看到了人们的表现之后，我完全投入了这个项目，也入股了这个项目。"这种形式的投资提升了他对项目的使命感。

在使命感问题上，设计思维从逻辑上与亲社会动机非常相似。我们在第5章中着重介绍了亚当·格兰特对这一问题的研究。他认为，通过向员工强调自身对他人的影响，不同行业的组织可以成功地激励他们。例如，连锁餐厅橄榄花园（Olive Garden）就通过传阅顾客写给服务员的感谢信让员工感受到自己的重要性。对于微软这样的科技公司，践行"终端用户培训"则是该行业改善产品设计和开发的主要方式。[28] 一般而言，这项培训会让工程师和开发者与真正使用产品的用户坐在一起，让他们倾听用户的意见并了解他们的痛点。这项培训帮助员工拓展了对用户问题的同理心，进而有助于他们提出聚焦于用户需求的创造性解决方案。

医学院也采取了创新性的终端用户方法使未来的医生和他们的病人建立连接。一项由莱斯利·莱瑟姆（Lesley Latham）医生主持的研究要求医学院的本科生画上一种暂时性的文身并保留24小时，以此来模拟银屑病的症状。该研究发现，这样的经历极大地增强了学生对银屑病患者的同理心。[29] 在画上文身之前，研究的参与者对银屑病和湿疹对人类的身体影响和心理影响做出的评级远低于他们对其他疾病的评级。而在画上文身之后，这些医学院学生对银屑病和湿疹对人体影响的评级提高很多，认为这两类疾病的影响与关节炎、糖尿病和心脏病的影响等级相同。

到目前为止，我们讨论了直接开展培训、提升员工社交能力及向员工强调工作的社会影响力的重要性。近几十年，员工的内部联系在逐渐衰减，因此在这两步之外，强化同事之间的联系也是激活工作人性化的重要一步。针对美国人的调查显示，他们的核心社交圈中有同事的比例从1985年的48%下降到2004年的30%。[30] 2010年的一篇报告也发现了类似的现象：仅有30%的受访者称自己在工作中有好朋友。[31] 员工之间建立联系并不意味着他们需要成为最好的朋友，可以只是简单地基于相互尊重和对彼此工作的认可。

一种简单的建立联系的方式是创造让集体而非个人受益的激励。英国轻餐品牌Pret A Manger就采用了亲社会激励的策略，在每位新员工通过特定阶段的培训考核后向其提供一份价值50英镑的礼券，获得礼券的新员工必须将礼券赠送给培训过程中给予了自己最大帮助的人。一些科技公司则让员工通过点对点的方式互相给予奖励。以谷歌的点对点奖励体系为例，该体系鼓励员工赠送给他人上限为175美元的奖励来感谢对方给予的帮助。这些项目让员工能够直接地相互认同和感谢。

其他组织也采用了非完全货币形式的同伴认同体系。例如，科罗拉多州道格拉斯县的图书馆就要求员工们相互提出对方在工作中取得的突出成绩（如发起了一项针对特殊需求儿童的阅读计划）。[32] 这家图书馆会在特别的晚宴上授予这些员工荣誉，并奖励他们一天的带薪假。设置这样的庆祝活动是相对经济且简单易行的方式，能让员工感受到他人的重视和相互认可，进而加强了他们之间的社会联系。

社交技能带来的好处提出了一个问题：提升工作的社交属性有什么缺点呢？除了提高生产率、增加激励和改善产品设计，感受与社会的联系也有益于心理健康。[33] 但问题在于，对部分人而言，参与到社会联系中就会让人倦怠或是感受到不真实——参与的方式包括和他人交谈、与他人建立友好关系、感受他人的情感、考虑他人的立场或者仅仅是放弃个人空间来陪伴他人。

在芬兰大学近期的一项研究中，学生们使用智能手机技术来调研社交对倦怠感有何影响。在12天的实验期间，心理学家索恩图·莱卡斯（Sointu Leikas）和维尔-朱哈尼·伊尔马林宁（Ville-Juhani Ilmarinen）调查了参与者在一天中不同时点使用手机的情况（他们使用手机做什么及感受如何），并向他们发放了一份性格测评。[34] 测评将参与者划分为性格外向者和性格内向者。莱卡斯和伊尔马林宁发现，外向的行为方式（即与他人交谈和见面）会让人们在当下时刻更快乐，但在三个小时后感到倦怠。尽管外向者会自然地寻求更多的社会情境，但这种效应对于内向者和外向者都成立。这项研究说明社交互动的暂时性福利效应会被损耗效应抵消。

即使是在线与他人开展社交和互动也会令人倦怠。治疗师及心理学家帕特里夏·布拉特（Patricia Blatt）指出了脸书、推特及照片墙（Instagram）对青少年产生的不利影响。他说："社交媒体制造了一种新的冲动性和紧迫性，导致人们被这个世界上正在发生的事情淹没，这些因素会共同引发人们的倦怠感并影响他们的睡眠。"[35] 已经有相关研究开始寻找"社交媒体倦怠"的证据，这是一种"被社交媒体平台的信息淹没的趋势"。讽刺的是，这种倦怠感在那些自认为最擅长使用社交媒体的人群中更普遍，而这些人的社交媒体倦怠感有可能达到自我枯竭的程度。[36]

另一项独立的话题是很多人也许并不认同社交（和别人交谈、深度交流或和别人相互交换个人信息），它并非人类的核心组成部分。尽管对外向者和内向者的估计在不同人群中存在差别，但苏珊·凯恩（Susan Cain）在其2013年的作品《安静》（Quiet）中提供了一项高引用率的估算结果，即美国有33%~50%的人是内向者。[37] 其他研究也证实了相当比例的人群都是既外向又内向的人，他们会在外向和内向之间不停切换。[38] 此外，有社交焦虑或是属于无私奉献型的人或许会感到完全无法从事需要更强的社交能力的工作，这些能力包括同理心、换位思考和认同他人的情感。对于这部分人，社交互动既是认知需求也是情感需求。

其他研究论证了同理心艰难的本质，即让社会交往变得有效的过程。护士、治疗师等需要同理心的职业，甚至职业募捐者都会产生强烈的情绪倦怠感。这些在工作中产生的为他人提供关怀的额外需求会产生同情疲劳。心理学家查尔斯·菲格利（Charles Figley）十分推崇这一术语，它指经历过太多感同身受的同情后产生的淡漠情绪。[39] 甚至一些表面上不需要关怀的职业，也被认为是需要同理心的，因为要进入他人的内心世界会消耗人们有限的工作记忆及掌握和处理信息的能力。[40] 这些发现都说明掌握社交技能的建议需要与抵消倦怠感和不真实感实现平衡。在展示这种方式之前，让我们先看看专家建议的预防被自动化的另一种主要技能——应变能力。

掌握应变能力

除了提高社交技能，人性化的努力还需要提高人们的应变能力，即更少的常规性、更少的脚本和更短期的目标。在给定相关研究所揭示的常规性工作在自动化过程中面临着最大挑战的趋势下，应变能力尤为重要。在实践中，如何提高应变能力看起来没有那么清晰，但鞋类在线零售平台美捷步（Zappos）提供了一个出色的案例——它非常成功地消除了客户服务代表工作中的脚本化问题。美捷步首席执行官谢家华告诉我们："我们没有脚本，因为我们希望客户服务代表能够在每个服务电话中表达真实的自我。只有这样，他们才能与每位客户建立起专属的具有真情实感的连接。"⁴¹ 客户服务工作并不一定要表现得魅力四射，但它应该是有意义且人性化的，它能让员工与客户建立起情感连接并重视客户的需求。通过这种方式，美捷步建立了一个独一无二的客户服务帝国，使其在众多在线零售平台中脱颖而出。

多样性的增加不仅提高了效率和客户满意度，也增强了对员工的激励。部分研究显示，人类渴望多样性，其中也包括有效的工作设计领域中最具影响力的理论——工作特征模型。该理论由组织行为学学者理查德·哈克曼（Richard Hackman）和格雷格·奥尔德汉姆（Greg Oldham）的理论发展而来，他们介绍了三种与任务相关的、能够激发价值感及激励的关键因素：（1）任务的重要性，即任务对他人产生影响的程度，与前文提到的亲社会影响力类似；（2）任务的可识别性，即任务中能够识别出具体工作内容的程度；（3）技能的多样性，即任务需要多种技能和多项活动共同完成的程度。⁴² 自该模型被提出以来，经历了40多年的持续发展，技能的多样性仍然是人们所感知的工作参与度中最重要的预测变量。此外，研究表明员工对工作技能多样性的理解程度自1975年以来一直在增加，但任务的可识别性和任务的重要性相对稳定。⁴³

2007年一项针对259项研究、涉及219 625名参与者的元分析显示，任务的多样性，即人们从事的工作所包含的任务数量，具有积极的效应。⁴⁴ 这项分析表明，任务的多样性能够预测人们对工作、领导及报酬更高的满意度。另一项最近的研究发现，技能的多样性和任务的多样性对年长的员工和年轻的员工的效应有显著差异。任务的多样性对年长的员工的积极效应在于减轻倦怠感和降低辞职的意愿[45],技能的多样性对年轻的员工的效应则在于降低辞职的意愿。

运筹学学者布拉德利·斯塔茨(Bradley Staats)和心理学家弗朗西斯卡·吉诺(Francesca Gino)阐释了在高度专业化的背景下,工作多样性的重要性。他们的研究考察了一家日本银行的员工处理抵押贷款业务的工作效率,数据来自该银行连续两年半的家庭贷款处理数据。[46] 斯塔茨和吉诺提出的关键性问题是,哪个因素可以更有效地提升工作效率:专业化,还是多样性?

事实上,抵押贷款业务是一份包含了17项任务的工作,涉及从开展信用核查到验证申请人个人所得税的一系列任务。因此,斯塔茨和吉诺用员工们重复执行某项任务的频率来度量工作的专业化程度,用员工在不同任务之间切换的频率来度量工作的多样性。他们发现,在一段时间内,多样性有效地提升了生产效率——用员工的效率和处理贷款申请的速度来度量。

其他相关研究也证实,在两项任务之间来回切换可以提升员工在创造性方面的表现。[47] 其中由心理学家陆冠南(Jackson Lu)主持的研究要求实验参与者执行两种指令,一是一次完成一项任务(如在4分钟内找出尽可能多的砖块的使用方式,然后在4分钟内找出尽可能多的牙签的使用方式),二是在任务之间来回切换(如砖块—牙签—砖块—牙签)。那些来回切换的参与者给出了更多富有创意的答案,因为被限制在单一的任务中会削弱人们的创造性思维,而这些参与者摆脱了这种限制。

虽然多样性有利于工作效率的提升和创造性的发挥，但掌握应变能力（和掌握社交技能一样）是一件困难的事情，以不确定的方式行动本身就是人类难以完成的事。一个例证来自伊朗2009年总统选举，当时马哈茂德·艾哈迈迪-内贾德以压倒性的优势获胜，引发了人们对选举结果的质疑。贝恩德·贝伯（Bernd Beber）和亚历山德拉·斯卡科（Alexandra Scacco）（当时在读政治学研究生）通过系统地考察不同候选人在每个省的得票总数，探讨了选举舞弊的可能性。[48]具体而言，他们考察了得票总数的末两位数字，并发现改数字与自然出现（且随机出现）的数字存在较大差别。例如，他们发现7和5的出现次数比随机出现的概率要大。在2007年塞内加尔和尼日利亚的选举中，贝伯和斯卡科也发现了相似的证据。[49]人们倾向于篡改得票总数来制造看似随机出现的数字。但即便是这种尝试改变全球范围内有影响力的选举结果的行为，也无法逆转人们选择确定性行为的趋势。

选举舞弊的发现与研究中论证人们在随机行为方面存在困难的发现相一致。几十年来，心理学家都在致力于通过各种方法评估人类的随机性能力，包括让人们列出字母或单词、排列符号、敲击键盘或是生成一个抛硬币的序列。在几乎所有情形中，人们都会得到某种确定性的结果，而不是非确定性的结果，这意味着人们的行为与真正的随机行为存在差异。心理学家保罗·巴坎（Paul Bakan）开展的实验就是一个典型的例子，他让实验参与者预测抛三次硬币会出现的序列（如正面—正面—背面），假定硬币是均匀无偏的。尽管正面—正面—正面和背面—背面—背面的结果也有出现的概率，但所有参与者一致得到的序列都至少包括一个正面和一个背面。[50] 此外，80% 的参与者都预测序列中第一个出现的是正面。早期研究之后几十年的研究工作都发现，人类会陷入确定性的模式且无法理解随机性，他们因此难以真正地随机应变地行动。

数学家尼古拉斯·高维特（Nicolas Gauvrit）的一项研究显示，人们创造随机性的能力与批判性认知的能力相对应，并在成年期的早期达到顶峰。[51] 高维特及其团队在 3 429 名实验参与者中安排了多项任务（例如，生成一组硬币的序列，或在随机洗牌后选择扑克牌）。在每项任务中，高维特都测量了参与者的"算法随机性"，将人类生成的序列和计算机随机生成的序列进行比较，结果发现随机性能力的巅峰出现在 25 岁并在 60 岁后急剧下降，这模拟了人类一般性认知技能的起伏。此项研究也表明，让员工从事非常规性的工作或许不是一个简单的要求。

人类不仅在制造随机性方面存在困难，在应对可变性方面还面临其他方面的挑战：多任务并行会消耗人们的认知，甚至会对人类天生的才能造成暂时性的损伤。麦肯锡 2011 年的一份报告讨论了首席执行官及其他执行官的信息过载问题："人们始终处于多任务的工作环境中，这正在扼杀其工作效率、削减创造性并制造不开心。"[52] 尽管前述研究证明了工作的多样性有利于提高工作效率，但若人们需要同时处理太多不同的任务，多任务就会成为负担。

作为一名学术派的心理学家，我经常承受多任务的痛苦。除了教学、咨询及完成所在学校和学院的行政工作，我还要参与大量需要和不同的研究团队同时协作的工作，这些项目需要与来自不同学科背景、不同层次（从本科生科研助理到全职教授）、不同工作地点的多名研究人员共同开展工作，他们的研究方法也覆盖多个领域：从考察病人的脑损伤到神经影像，再到实验室研究及大数据挖掘。我在职场的生存取决于应对多任务的能力、同时开展多个项目的能力，以及提出创新性研究问题的能力。对我而言，抗倦怠的方法就是通过写书来暂时性地尝试与此抗争。当我向一位良师益友倾诉自己的一个项目需要远程协作，并且需要掌握好几种新的方法工具和分析程序时，他说："为什么不干脆切断所有关系呢？"尽管我承认不是每个人都能做到，但他改变生活的建议激发了我的职业智慧。

大量关于任务切换的文献也表明，即便是同时完成简单的任务也会消耗认知资源。心理学家阿瑟·耶尔希尔德（Arthur Jersild）早期的研究发现，人们执行需要切换的数学运算（加法、减法）所需的时间比重复执行一项运算的时间长。[53] 任务切换不仅会消耗认知，它甚至会弱化人们在自己擅长的专业领域的工作表现。心理学家雷娜塔·莫伊特（Renata Meuter）和艾伦·奥尔波特（Alan Allport）开展的研究表明，要求双语人士在他们的第一（主要）语言和第二（非主要）语言之间切换，事实上会削弱他们使用第一语言的能力。[54] 这些发现都表明，让具备某项技能的人执行其他任务会削弱其在其原本的专业领域的表现。

除了实验研究，系统与运筹学学者迪瓦斯·KC（Diwas KC）

也证明了多任务对急诊科医生的不利影响。[55] KC 考察了接诊了 145 935 位患者的急诊科，通过计算每位医生在给定的时间段内需要同时处理的病人数量来测量多任务的程度。随后他评估了病人的治疗结果并发现，过度的多任务意味着对每位病人来说更长的接诊等待时间、更少的正确诊断次数及 24 小时内回到急诊科复诊的人数更多。一项概念相似的针对意大利法官的研究显示，同时处理的案件数量越少，法官每个季度完成的案件数越多，并且处理案件的速度越快。[56] 如果员工和组织都没有合理地处理这个问题，那么工作的随机应变成本就可能超过其带来的收益。

真正的闲暇

社交能力和应变能力代表了让工作人性化的两种必要技能。但是，如果二者都会造成认知和情感方面的消耗，那么我们需要寻找其他方案来抵消这样的结果。这类方案需要人们在精神上得到恢复并重拾真实的自我。对此，大部分商学院和领导力培训行业都聚焦于提升参与度，但我非常高兴自己是少数提倡将减少参与作为解决方案的人之一。我相信人们需要更少地工作，并且需要更少地基于工作来确立个人身份和自我价值。

崇尚工作会激发人们的自我价值感和自尊，而这个过程导致我们过度工作。心理学家奚恺元及其团队近期从实证角度验证了人们崇尚忙碌和避免闲暇的趋势，将其命名为"闲暇厌恶"。[57] 奚恺元的研究让参与者在闲暇和忙碌之间做出选择，前者指完成一份调查问卷并在剩下的时间等待（闲暇），后者则是完成一份调查问卷并将它送往远处的指定地点（保持忙碌）。大部分参与者都选择了让自己保持忙碌的任务，甚至在完成任务非常困难的情况下也做出了这样的选择。奚恺元及其团队的其他研究也显示，当人们因工作而受到激励时，就会超量工作。[58] 也就是说，在正常情况下，人们一直工作直到赚够自身消费实际需要的数额，但实际上，人们会一直工作直到自己精疲力竭，盲目地积累工作报酬。他们因而错过了精神得以恢复的机会。

埃德·奥布赖恩和埃伦·罗尼（Ellen Roney）近期的一项研究也发现，人们相信自己只有在工作完成之后才应当享受闲暇。[59] 在这些研究中，参与者同时得到体验一些闲暇活动（如吃零食或接收信息）的机会和继续劳动（参加期中考试）的机会。同时，他们也需要确定自己期望参与这两项活动的顺序。奥布赖恩和罗尼发现，参与者一致选择先劳动后休闲，并认为即将面对的工作会分散自身在闲暇中获得的乐趣。事实上，无论是先休闲后劳动，还是先劳动后休闲，参与者发现二者同样令人愉悦。这项研究也表明，我们对于休闲的直觉被误导了，人们认为闲暇是在工作完成之后才能享受的。

这些观念在硅谷式的职场格局中特别流行，它尝试在工作中融入趣味性、社交生活和闲暇。我的一位朋友曾在脸书任职，他带我游览位于加利福尼亚州门洛帕克的公司园区时，这一点表现得极为明显。脸书聘请迪士尼的顾问参与了园区设计，因而该园区和迪士尼乐园中的"美国小镇大街"非常相似。这位朋友带我参观了园区内风格不同的摆满食物的厨房、有各类烹饪方式的自助餐厅、自动弹出汉堡的汉堡店，以及其他成为硅谷标准式工作场所福利的布置。其中有一间完整的版画制作商店，员工可以在这里制作艺术品，还有一间完全透明的玻璃办公室，首席执行官马克·扎克伯格会在这里召开会议。参观过程中，我的向导突然不得不离开去做此前预约的物理治疗——由园区内部的物理治疗师提供服务。此外，在园区中心还设有医院、银行、音乐工作室和电子游戏室。几乎所有工作空间都是开放式的，仅有个别是封闭式的小房间。

当然，这些配置都是为了增强员工体验到的趣味性、舒适度和便利性。但是，当我询问朋友如何在这样的环境中完成工作时，他立刻回答："在这里做不完，我必须把工作带回家完成。"尝试在工作场所融入闲暇因素会降低工作效率，并导致工作场所变成了著名的"24-7工作场所"。企业越来越期望员工在一天内的任何时候都"在工作"，希望他们把工作带回家，或是希望他们在劳动和闲暇相融合的办公室工作。这里却隐含了一个问题：如果这里有健康中心，有物理治疗师和银行，为什么人们还要离开这里呢？

部分企业通过提供灵活的休假政策来反对"24-7工作场所"。休假是必要的，并且研究显示休假可以改善工作效率、员工工作成就及工作场所的愉悦度。[60]除了这种修复力，企业慷慨的休假制度还向员工传达了这样的信息：企业关心员工的福利，以及企业相信员工能够完成工作。这两条都是人性化的信息。

早期，众筹公司Kickstarter就允许管理人员批准员工所期望的任意天数的假期。但6年后，他们为这项政策设置了25天的上限，怀疑之前的政策对员工造成了负面影响。其他公司也在不同时点实施了不受限制的休假制度，如网飞、维珍美国和百思买集团，但效果喜忧参半。我的很多MBA学生在实行类似休假制度的公司工作，他们认为员工最终休假的时间会少于他们本应该休假的天数。著名管理学学者洛特·贝林（Lotte Bailyn）认为："人们之所以会少休假，是因为他们并不确定这是公司提供的福利还是公司的公共关系产物。"[61]2014年的一项由招聘网站Glassdoor.com开展的调查也支持了这一观点。调查结果显示，平均而言，员工休假的时间只占假期的一半，61%的员工汇报他们在休假期间仍然在工作。[62]该网站这一项目的研究人员凯蒂·丹尼斯（Katie Denis）指出，千禧一代的女性"有更多的愧疚感，她们不希望因自己休假给别人的工作造成负担"[63]。不信任、竞争和愧疚感都导致人们回避自由的休假时间，即便公司对休假给予奖励也仍然如此。

部分公司在鼓励员工休假方面做出了进一步的改善，并以富有创造性的政策来推动。例如，科技公司FullContact提供7 500美元的津贴鼓励员工携家人一同休假，而唯一的规定是不允许员工在休假期间工作。如果发现员工在公司资助的休假期间工作，甚至只是打开了工作邮件，员工需要退回全部的津贴。在公司推行这项政策后，申请休假的人数有所增加，员工流失率也很快下降。[64]

其他公司简单地将休假作为命令来执行。社交媒体营销公司 Buffer 也预见到了无限制休假政策存在的问题，并在最开始就向员工提供 1 000 美元的休假津贴，但仍有 57% 的员工休假时间少于 15 天，随后它开始实施一项强制性的三周休假政策。[65] 求职网站 Anthology 向员工提供最长两周的假期，并额外附加 5 天的假期储备。如果员工在三个月内没有休假，公司就会强制员工使用储备假期。[66]

也有公司尝试通过限制工作时间之外的收发邮件来对抗工作强迫症。例如，电气部件销售商 Van Meter 会在员工休假期间关闭其工作邮箱账户。德国汽车制造商戴姆勒的做法更进一步，它向员工提供一种自动删除休假期间邮件的程序，该程序会自动回复发件人，告知此邮件将被删除并提供紧急情况下其他员工的联系方式。基于同样的理念，法国于 2017 年 1 月通过了一项禁止在工作时间之外使用工作邮箱的法令，该法令要求员工人数在 50 人以上的公司赋予员工在晚上下班之后"脱离工作邮件的权利"。近期，韩国政府也开展了一项行动，公司将在星期五晚上 8 点后关闭员工的电脑，以防止他们在周末过度工作。这些措施严肃地强迫人们回归闲暇状态，直指人类的劳动强迫症。这些案例也解释了工作与忙碌之间的密切关系并不仅仅是一种特殊的美国现象。

在另一项在工作中融入自由的尝试中，部分公司实施了严格的以工作为基础的"自由时间"政策。谷歌的"20% 的时间"就是最著名的案例，谷歌创始人拉里·佩奇和谢尔盖·布林在 2004

年发起了这项政策，允许员工们在20%的工作时间内做任意自己想做的事情。这项政策也孕育出了谷歌地图、谷歌邮件、谷歌广告联盟等产品，创造了巨额收入。但在2013年，谷歌决定缩减这一政策，到2015年只有10%的谷歌员工在使用该政策。几位与我交谈过的谷歌前员工称这项政策为一个神话，谷歌前员工、雅虎现首席执行官玛丽莎·梅耶尔甚至说："我可以告诉你谷歌'20%的时间'政策的一些肮脏的小秘密。事实上，它是120%的时间。"[67]换言之，这项政策将人们推到日常任务之外的工作中，而不是从日常工作职责中解放出来。

其他将闲暇融入工作的尝试还包括一些社会行动，如休息寓所、共进午餐、节日派对、混合社交及快乐时刻（通常被称为"强制性娱乐"）。我在其他地方也提到，这些行动无法增强凝聚力、提升参与度的原因有以下几个：人们倾向于和自己认识的人聚在一起（而不是真正的"混合"），他们尴尬地融合着工作和个人关系，而这些行动也让人们的交谈以工作为主。[68]我和劳拉讨论过强制性娱乐现象，她供职于一家致力于年轻人职业发展的非营利组织。她向我描述了自己的经历："我们有相当多的强制性工作关系……我们有很多的快乐时刻，并且肯定会有一种工作酒文化。"她指出在非营利组织工作的人通常会经历"员工之间建立关系的痛苦过程"，而与问题少年一起工作"的确需要员工之间具有一定程度的亲密感和情感上的联系"。她还补充说："一方面获得你认为关系亲密的人的支持非常好，但同时它也令人窒息。那种感觉就像'度过了艰难的一天，去开启快乐时刻并喝酒，然后筋疲力尽，第二天上班时仍然心力交瘁'。"劳拉的经历解释了为什么虽然建立关系有好处，但与工作相关的社交无法提供有恢复力的闲暇。

一些组织也设计了争取自由时间的行动，并呼吁全社会与筋疲力尽、消耗殆尽和工作不满意等状态抗争，但简单地让人们回家可能更有效果。当我的兄弟（当时是一名住院实习医生）告诉我医院越来越重视医生和护士群体中的情感耗竭时，我想到了这一点。他说自己常常看到不同的心理弹性培训讲座的广告，这些讲座旨在对抗医院环境中的压力，尤其是在死亡率和发病率都很高的重症监护病房。他告诉我，讽刺的是，这些培训往往会让人们去反思沉重的经历，重现与病人痛苦的互动并保持工作状态。这样的心理弹性培训课程也许对降低耗竭程度有所帮助。[69] 但是，我更愿意看到这些课程的效果与由以下方式产生的效果进行对比：让人们睡觉、看电视、玩手机游戏或者做任何让其远离真实工作内容的事情。

重视闲暇并鼓励降低参与度是与工作强迫症文化抗争的必要武器，在这样的文化中，人们将自己的身份与工作挂钩。此外，认真地体验闲暇将抵消对多重技能的需求：21世纪日渐复杂的工作需求包括社交能力和应变能力在内的多重技能。做到这一点需要公司的领导层具备果敢的领导力，因为这意味着剥夺了公司对员工时间的把控，而将主动权赋予了员工。在近期一项非常出色的实验中，新西兰信托公司 Perpetual Guardian 就简单地在两个月内每周多给员工放假一天，让员工每周工作四天，但按照五个工作日来支付薪酬。实验发现，员工的压力降低了，工作满意度提高了，并且工作效率和工作表现仍然保持在良好状态。现在，该公司希望把每周工作四天设定为一项永久性的政策，这是公司向前迈出的富有前景的一步。[70]

****

人性化的过程事实上是将他人视为有思想和感受的存在的过程，因此，让工作人性化需要组织提供认可员工的思想和感受的工作。这意味着向人们提供有意义且富有挑战性的工作，并给予人们充分的补偿。但是，正如我们在本章所阐释的，让工作人性化还远不止这些，它还涉及确保员工在自动化过程中不会感到被抛弃、被机械化和商品化——人们对于自身的不可替代性和感受到自己不可替代有强烈的需求。为了避免这样的经历，组织必须向人们提供最能发挥人类独特技能的工作，并提供足够的闲暇来让人们的身份远离工作。我也赞同享受闲暇状态本身是机器人永远无法掌握的技能。因此，无论是通过休息、听音乐还是简单地让思绪飘荡来享受闲暇，都能够让人们感受到自己比机器人"更强"。

我们将在下一章中看到，虽然我们提出了如何在自动化时代让工作人性化的建议，但我们也必须接受机器发展的趋势不会逆转。因此，我们必须学会如何有效地与其合作以确保人类在与机器共处时的人性。

第 7 章

构建人类与机器的合作关系

最近，我和妻子带儿子散步回来意外地发现我们被锁在门外了，我们致电给开锁公司求助，他们派来了一名 16 岁的少年。当他在我们的后门熟练操作时，我崇拜他精准的技术，思考着他未来的职业会是什么。

根据弗雷和奥斯本 2013 年的分析，开锁工在未来有 77% 的可能性因自动化而失业。目前，已经有一家名为"KeyMe"的公司将提供自动化的开锁服务作为其核心业务。在 7-11 这样的便利店就有 KeyMe 的钥匙自助打印站，在这里，用户只需支付 3.5 美元就可以扫描自己想要复制的钥匙，KeyMe 随后将这把钥匙的数字文件存储在在线数据库中，这样，用户一旦发现自己被锁在门外，就可以用指纹登录任意的钥匙自助打印站，支付 20 美元后便可立刻制作一把新钥匙，从而避免了不必要的麻烦。一些机器人专家也开发了能够在数秒内开锁或破锁的机器人。这些进展表明人类开锁工这一职业存在的日子不多了。

然而，在与开锁工的交谈中，我认为有一个方面的工作是自动化难以完成的。在他破锁之前，他询问我的第一件事情是我们家是否有开着的窗户（那天天气寒冷，所以我家没有开窗）。他向我解释道，他通常会先询问客户是否有开着的窗户，而他们的回答通常是有。客户们更愿意寻找其他突破口或是先爬树再通过窗户进入房间，而不是破门而入。我想，能想到这一点就展现了开锁工比机器人更优秀的一面。因为据我所知，没有机器人能够为了探索自己经验之外的解决方案，在完成程序设定的工作之前就完全放弃自己的主要任务。

"啊哈！"自动化的推崇者可能回应说，"机器拥有强大的学习人类的能力，自动化的开锁工可以知道开窗的优点，并且会在破锁程序启动前就将此纳入其提问的技能包！"尽管这是可行的，但对比模型预测的结论，这也正是人类想要更长时间地延缓自动化的原因。机器几乎可以一直追随和学习人类，而不是人类追随和学习机器。也就是说，机器需要人类。

关于人类和机器将在自动化的未来相互协作的话题，有大量文章都提到人们对此既焦虑又激动。但是，对于如何构建二者之间的联系，人们似乎还没有清晰的思路。接下来，我们将深入地探讨这个问题。

当工作变得越来越自动化，一些针对这种社会转变的可能性方案便出现了。人们不断地提出各种建议，从统一基本工资到征收"自动化税"。"自动化税"由比尔·盖茨提出，他建议对使用机器人代替人类工作的企业征税，以支持因自动化而失业的员工。自动化的未来最为乐观的版本是成立一个人类劳动力部门，在这里人们可以完成适合自己的独一无二的工作，机器人则专注于完成其他工作。但是，这些合作关系究竟是怎样的呢？这里我提出三种规范的模板：（1）让机器人和人类根据各自的道德力量分工；（2）让机器人处理枯燥的、远程的和机械的工作，而人类处理更有趣的工作；（3）用机器人来降低人类在工作中面临的情感负担。我们将依次考察这些内容。

按照道德力量分工

在决策环境中，人们需要机器人是实用主义的实体，从而能够以冷静、衡量成本—收益的方式做出选择。另外，人们又希望人类遵循"主张道义"的道德准则，如"不要主动歧视他人"。[1]这些期望事实上反映了机器人和人类独特的道德力量。机器人的道德优势在于它们对于不同环境的"盲目性"。但是，研究显示，相对于完美的实用主义决策者，人类更喜欢主张道义的决策者，他们可以考虑与伤害和公正相关的主观因素。[2]

在直接考察人类规避机器进行道德决策的研究中，心理学家约哈南·比格曼（Yochanan Bigman）和库尔特·格雷发现，人们事实上更偏好由人类而不是机器来做出医疗、军事和法律环境中的道德决策，但人们接受机器扮演提供咨询意见的角色。[3]在其中一项研究中，他们向参与者提问：如果需要确定是否为一个孩子实施存在风险的手术，那么应由计算机医生还是人类医生做出决策呢？前者是一个名为"Healthcomp"的计算机系统，具备理性地基于数据思考的能力；后者是可以参考 Healthcomp 提出的意见的人类医生。大部分参与者都支持应当由机器辅助人类医生做出决策。因此，最优化人类与机器的合作关系的方式是让机器人引导精确的实用主义分析，同时让人类最终对违反道德规则的情形予以校正。

我的同事、心理学家布赖恩·乌齐（Brian Uzzi）撰文讨论了第一种模式，他考察了房屋租赁公司爱彼迎（Airbnb）对于种族歧视问题的回应。[4] 爱彼迎存在的问题包括房东向潜在的租客发送种族主义信息、因租客的种族拒绝或取消订单，以及一篇显示房东将房屋租给部分租客（刻板印象中名字听起来像非裔美国人的租客）的可能性更低的报告。乌齐描述了机器学习算法如何搜索爱彼迎网站或推特上的用户生成的文本并识别出带有"危险信号"的语句，进而利用这些信息预测房东的歧视性行为。人类或许无法识别出预测此类行为的准确语句，也没有时间梳理浩如烟海的文本数据来寻找带有"危险信号"的语句。然而，乌齐进一步描述说，这种算法搜索的过程不具备充分预防大规模歧视的能力。这方面的努力需要通过审查房东来比对算法搜索过程和与其相关的信息，同时需要确保算法自身不会形成偏见（后文将进一步讨论这一问题）。而审查的过程涉及询问房东过去是否有存在偏见行为的经历或是特定地偏好一些种族。这里，人类歧视和多样性领域的专家们需要设计调查问卷并提供一些方法论工具，以使这个过程能够直接地、准确地获得房东的相关信息。同时，这个环节也需要人们基于道德规则做出决策，我们需要考虑一个人是不是具有种族偏见或歧视他人。机器学习能够确定高频点击的词语用以识别存在歧视风险的人,但在确认这些怀疑对象是否成立的环节,需要由人类直接询问对方在歧视方面的行为和态度。

很多案例都揭示了未经确认的机器决策会造成更多而不是更少的种族歧视或性别歧视。例如,彭博新闻社的报告发现亚马逊网站用数据挖掘方式来确定亚马逊 Prime 会员(一项提供产品当日达的服务)的投放,但该方法忽略了美国主要城市的大部分黑人社区。[5] 亚马逊网站回应说,该方法是利用不同的数据点(包括与订单配送中心的距离、区域内已注册会员的数量)从算法上确定哪些社区是优先投放的(这也是亚马逊网站认为这些社区被排除在外的原因)。[6] 然而,消费者对这一解释并不满意,使得亚马逊网站的人类员工不得不承认该算法的确有失公平。当种族差距变得明显时,亚马逊网站同意在波士顿、纽约和芝加哥的相应社区提供 Prime 会员服务。

传播学学者萨菲娅·乌莫加·诺布尔(Safiya Umoja Noble)在其作品《压迫算法:搜索引擎如何助长种族主义》(*Algorithms of Oppression: How Search Engines Reinforce Racism*)中直指算法是如何加剧不平等的。[7] 有一次,诺布尔在谷歌搜索引擎输入了"黑人女孩",搜索显示的结果全是黑人女性的色情图文。这次经历让她开始了对这一主题的研究。诺布尔还提到了另一个发现,她在书中写道:"黑人女性仍然是色情网站的素材,这些网站将她们物化为商品、产品和满足性欲的对象。"当诺布尔在谷歌搜索"为什么黑人女性如此……"时,其自动填充的结果是贬低性的(如"吵闹""懒惰""粗鲁"),而搜索"白人女性"时却是褒奖性的。

诺布尔所描述的机器学习驱动歧视的案例还包括谷歌的照片管理服务，该服务将黑人的照片自动标记为大猩猩。谷歌发现了这个错误后，是人类工程师修复了它。类似地，计算机科学家乔伊·布拉姆维尼（Joy Buolamwini）和蒂姆尼特·格布鲁（Timnit Gebru）近期的研究发现，不论是微软还是IBM，其基于算法的人脸识别软件都难以辨认黑人女性的脸，两家公司的相关负责人都回应说他们会修复这个问题。[8]

机器歧视之所以会出现，是因为计算机程序能够像人类一样学习和制造基于性别和种族的偏见。计算机科学家艾琳·卡利斯坎（Aylin Caliskan）利用一个机器学习程序来解释这个问题，该程序对互联网上的海量文本进行扫描，学习其中不同词语之间相互联系的接近程度（例如，"狗"常常和"猫"一起出现，"狗"和"通心粉"一起出现的频率却很低）。[9]她的研究还发现，基于人类生成的数据（文本）进行训练的机器会形成与人类相似的种族和性别联系，而结果是极为不利的。

卡利斯坎的程序发现非裔美国人的名字更多地与消极词汇联系在一起，而欧裔美国人的名字更多地与积极词汇联系在一起，这是普遍出现在人类中的种族歧视。该程序还发现，与女性相关的词通常和与家庭相关的词相联系，与男性相关的词则更多地和与职业相关的词相联系。这些偏见都存在问题，因为类似的算法构成了大多数在线工具的基础，包括谷歌搜索的自动填充功能。正如诺布尔所发现的，搜索"女人像……"或"中国人是……"，谷歌网站会呈现令人不愉快的话语（如"女人像孩子一样"），其原因在于谷歌的算法是通过语句中的相互联系进行学习的。卡利斯坎还使用了谷歌翻译来论证这种现象，她尝试将一个中性的短语"bir doctor"（土耳其语，意为医生）翻译为英语，软件提供的结果是"he is a doctor"（他是一名医生），即将这个与职业相关的词和男性而不是女性联系在一起。近期，我也尝试翻译了同一个短语，现在该软件显示的结果是"a doctor"（一名医生）。这也说明谷歌的人类员工再次识别和修复了这个问题。

在推特发布一款可以像青少年一样实时聊天的人工智能机器人时，微软公司也在不经意间证实了机器产生偏见的能力。这款机器人名叫"泰"（Tay）或"泰宝"（Taybot），通过挖掘能够公开获得的在线文本来"学习"如何在推特上进行交流。但发布之后不到 24 小时，它就开始滔滔不绝地发布带有偏见的推文，如"为犹太人的种族战争加油"（GAS THE KIKES RACE WAR NOW）。再一次地，人类将此归类为不合理的言论并关闭了整个项目。我在此所描述的合作关系需要人类去完成比机器人完成得更好的工作：裁定我们所期望的道德模式，并教会机器这样去做。由于我们大部分人都已经选择将种族或性别不平等排除在外的道德模式，当机器产生的结果让这些不平等持续存在时，人类应当识别出这些结果并改变它们的方向。

相较于机器学习对后果重大的决策产生的影响，这些基于语言偏见的案例似乎不值一提。非营利性新闻网站 ProPublica 曝光了法庭开始使用算法预测刑事案件被告人将来犯罪的风险。[10] 这些程序会计算出风险得分，进而将得分用于确定指定保释金数额、决定是否批准假释等事项。

与此不同的是，计算机科学家乔恩·克莱因伯格（Jon Kleinberg）及其团队开发了一种能够比人类法官更好地做出保释金数额决策的机器学习算法。[11]克莱因伯格的研究显示，这种算法能够基于人类法官之前的决策（在本例中使用了纽约市过去五年的逮捕数据）进行学习，并考虑不同的被告人特征（如人口学特征、被控告的罪行类别、此前的犯罪记录或被告在被保释之后是否再犯）。该算法可以在不提高关押率的情况下减少犯罪，或是在不增加犯罪的情况下降低关押率。执行这种特别的算法可以明显地降低非裔和拉美裔美国人的关押率。

ProPublica 网站对此类算法的曝光揭示出更加不利的情况：刑事判决中种族偏见有所加剧。该算法并不是克莱因伯格的算法，而是替代性制裁的矫正罪犯管理分析算法（COMPAS）。例如，报告显示，佛罗里达州布劳沃德县 2013—2014 年所使用的判决准则错误地认为黑人被告再次犯罪的概率接近白人被告的两倍。即便考虑了被告的犯罪历史和控告罪名，该准则也认为黑人被告再次实施暴力犯罪的可能性高出 77%。

COMPAS 使用了 137 个问题，包括"你所居住的社区有枪支吗""你被解雇的次数是多少""将注意力长时间地集中在一件事情上对你来说困难吗"……这些事项和再次犯罪的风险之间的关系是模糊的，但有一个事实是清晰的：这个系统的确需要人类来帮助其确定不同的情形及更好地预测犯罪行为的性格特征，才能确保判决在道德上的公正。

让机器人完成机器人工作

人类和机器除了在道德决策上有所分工，第二种构建人类与机器的合作关系的方式是让机器完成枯燥的常规性工作，同时让人类完成涉及多样性和自发性的工作。亨利·王（Henry Wang）此前是一位风险资本家，曾供职于若干家处于创业阶段的人工智能公司，他向我介绍了这些差别性特征，"机器人的头脑不能畅想"，而"人类获得的数据更加宽泛和随机"。[12] 因为这种差别，人类和机器人可以利用对方的特长进行互补，让机器人处理脚本、规则和常规性的工作，而让人类聚焦于多样性、无规律和即兴创作。

那么有一个问题：如果机器人开始完全替代第6章所提到的常规性工作的人类劳动力，那么这样的合作关系还会存在吗？从曾经的发展中，我们可以观察到自动取款机（ATM）和银行柜员的案例。机器执行了清点和分发货币的工作，银行柜员则会处理更加复杂的交易，以管理客户对个人财务或银行安全性方面的担忧。字母表公司（Alphabet）的执行董事长埃里克·施密特（Eric Schmidt）尝试通过指出引入ATM事实上增加了银行的就业来缓解自动化和失业所引发的焦虑。但是，施密特无法解释就业的增加事实上源于ATM让银行拥有更低的成本和更多的分支机构，因而雇用了更多的柜员。[13] 而现在，银行的分支机构数量正在缩减（部分原因是 ATM 的功能越来越丰富，而且有越来越多的客户通过手机银行管理资金），这种就业增加的趋势不可能持续。

人类和机器划分常规性更强和更弱的工作的一个更有前途的领域是网络安全。部分机构已经开始利用机器学习，通过在无限量的数据中滚动来识别安全风险，并利用模式识别标记潜在威胁。这项在数百万条数据中识别和储存模式的任务非常确定是机器人工作，几乎没有人类喜欢这样的工作，但问题在于这些计算机化的系统会产生过多的虚警，标记的风险或攻击最后被证明是正常行为。这就是人类需要介入的地方，尤其需要有能力在数据中找出细微差别和异常值的分析师。

麻省理工学院计算机科学与人工智能实验室的一项研究证明了人类和机器合作是如何优化这项任务的。[14] 麻省理工学院的团队开发了一个能够监测出 85% 网络攻击并将虚警率降低至 5% 的平台，该平台的工作程序如下：平台在大量的监测数据中进行筛查以识别可疑的活动，随后平台将发现的样本报告给人类分析师。人类分析师会查看样本并确认被平台识别为网络攻击的事项是否为虚警（被平台识别为病毒，但事实上是正常事项）。随后，分析师将该信息反馈到平台，用于执行下一轮搜寻网络攻击的任务。通过这个迭代的过程，平台能不断学习并改善自身的表现。研究人员指出，其他无人监管的机器会产生 20%~25% 的虚警率——这样的效率没有发展前景。[15] 与此同时，人类单独执行此项任务也会产生过多的漏警，以致遗漏重大的安全威胁。

网络安全为人类与机器的合作提供了希望的灯塔，理由如下：（1）网络攻击日趋复杂，因而需要更多的人类投入其中；（2）网络安全领域目前正面临人才短缺问题。2015年网络安全投资咨询公司Cybersecurity Ventures的一份报告预计，2021年将有310万个网络安全职位需求。[16]这种趋势为人类与机器的合作提供了乐观信号。随着机器处理大型数据库的能力越来越强，人类可以将枯燥的、繁重的网页过滤和模式匹配工作交给机器，自己则负责钻研这些模式真正的意义所在。

另一个人类与机器的合作关系富有前景的领域是法律领域。律师事务所已经开始使用科技来扫描文件和汇总数据，以确定哪些信息与特定案件相关。这项在无数文件中浏览筛选的机器工作就是典型的会造成律师工作时间剧增的工作，而这些新兴科技恰好能够为律师节约宝贵的时间。例如，《纽约时报》的一篇报道描述了破产律师柳斯·萨拉查（Lius Salazar）利用人工智能程序来查找与自己正在处理的案件最匹配的案例。[17]该程序可以即刻完成萨拉查需要10个小时完成的事务，他对此评论道："这是件可怕的事情。如果它表现得更好的话，很多人将会失业。"但是，机器似乎不可能掌握人类法律工作的核心——说服性的辩论与协商的艺术。至少截至目前机器仍无法做到。

情绪劳动

除了划分道德决策的原则和区分常规与非常规工作，第三种人类和机器可能相互配合的安排是区分情绪劳动。由于与同理心和情绪管理相关的任务都会消耗人们的精力，将此类工作的一部分分担给机器人，能够使人类重新获得必要的资源用于开展情绪劳动。在《让机器人处理工作中的情绪枯竭》（Let Robots Handle Your Emotional Burnout at Work）这篇论文中，科学作家梅里·金（Meeri Kim）指出，机器人可以减轻情绪劳动的负面结果，包括情绪枯竭和同情疲劳。[18] 这条建议与我在前文描述的相关研究的直觉相悖——人们不喜欢由机器人来执行与情绪相关的任务，然而设计传递合理情绪线索的机器人可以缓解人们的这种厌恶情绪（我将在后文继续讨论这一话题）。

金认为需要社交互动的工作是最容易导致情绪枯竭的，她指出："需要情绪劳动的职业，包括因工作引发或压抑情绪，会导致情绪消耗水平持续攀升，尤其是客户服务代表、空乘人员、医生、护士、教师和宾馆工作人员。"她也介绍了一个名叫佩珀的类人机器人，它从事情绪劳动领域的客户服务。佩珀拥有一张娃娃脸，在零售商店和医院提供服务。目前，佩珀只能做出有限的回应，并且只能用文字交流。这项基本功能让佩珀能够回答一些小问题，对于需要平行停车和想要知道洗发水在商店的哪个过道的客户很有帮助。但是，佩珀解决了这些基本问题后，人类很可能继而提出更加个性化和直接的问题，如哪种洗发水去屑效果最好或某个特定品牌是否在售。

区分情绪劳动的成功案例来自基于电话的客户服务软件。在真正与人交谈之前，客户会轻视他们必须回答的一连串难题。埃森哲咨询公司顾问发表在《哈佛商业评论》上的一篇文章讨论了科技如何改善这种体验。[19] 例如，他们介绍了一家加拿大的金融服务公司，该公司利用生物特征程序，通过声音、排除认证问题等方式识别客户，并将客户服务程序改进了 50%。据介绍，一家欧洲银行将生物识别应用于在电话的聊天程序中识别高端客户。该系统减少了电话呼叫的处理时间，平均缩短了 15 秒，并且客户对该系统的积极评价达到 93%。通常，会出现客户对无辜的客服代表宣泄情绪的情况，这样的沮丧体验会导致客服代表的情绪枯竭，而该系统减轻了客户代表身处这种情况时的沮丧情绪。通过减轻工作的情绪负担，科技能够将客服代表解放出来处理验证之外的更重要的问题。正如第 6 章提到的，同理心是人类继续从事客户服务的关键。如果机器人能够管理部分令人沮丧的事情，如用户认证，那么人类就能从中解放出来，有更多的时间和精力处理需要同理心的、更复杂的客户问题。

除了基于电话的客户服务工作，其他明显需要社会关怀和理解的工作领域也能够从区分人类与机器之间的情绪工作中受益。例如，服务型公司正在开发机器人，用于从事社交情绪类的任务，如按摩、学前教育、照顾老年人。人们对情绪领域内机器人的抵触使得它们的销售情况堪忧，但只要设置好合理的特征，它们就能够继续被投放到市场。以按摩机器人小海豹帕罗为例，帕罗是一个惹人喜爱的、具备社交响应能力、能产生情感并能记住人类姓名的机器人，也是重要的非人类成员，这种属性使它没有威胁性也没有偏见。研究显示，和帕罗相处的老年人在心理健康和身体活动方面都有所改善。尽管如此,据我所知还没有机器人能够完全替代人类的陪伴。[20]

如果机器人能够协助护理工作,那么人类又能够发挥什么作用呢?这也是我向全国家庭佣工联盟总监蒲艾真(Ai-jen Poo)请教的问题。[21]蒲艾真是一名劳工组织者,致力于为家庭佣工(包括照顾老年人的护工)争取权益。自动化时代伴随着日益加剧的老龄化,和其他人一样,蒲艾真对人类与机器人如何在护理领域展开合作进行了大量思考。她告诉我:"科技能让很多事情变得简单,如协助药品分类。"同时,她提到了机器人技术如何改进护理过程:过去,人们在霍耶升降机(她称其为过时的器械)的帮助下将行动能力受限的病人移动到汽车或浴缸里。但蒲艾真也相信人工劳动和情绪劳动之间存在人为制造的区别,她说:"接触的重要性和人类接触带来的亲密感是护理工作的重要组成部分。"蒲艾真的观点与其他发出同样警示的评论者产生了共鸣:在我们的日常生活中,真实的人类接触正在减少,这也导致人类的心理健康趋于恶化。[22]正如我们在第 2 章中看到的,人类的接触可以激发热情、创造合作,甚至能够减轻痛苦,而机器无法成为替代品。

既然人类的接触如此重要,护理机器人的最佳用途似乎就在于减轻护理人员的负担。在关键任务中使用机器人可以协助人类将精力放在有情绪和同理心需求的工作上,以避免人类产生情绪枯竭和情绪倦怠。此外,虽然像帕罗这样的机器人非常有前景,但加载了情绪原色的人类与机器的合作关系只有在特定条件下才能成立，即在部分情况下，人类需要把机器人当作人来对待。因此，这些合作关系的成立需要人们以人性化的方式设计科技，让科技吸引用户而不是排斥用户。这一点不仅适用于执行工作任务的机器人，也适用于执行普通任务的机器人，如购物、交流和帮助人类坚持日常锻炼。在接下来的部分，我们将探索针对机器人设计的相关研究，以理解能够最优化人类参与的核心设计原则。

科技人性化的最优设计

几年前，一位通用汽车的工程师发邮件给我，询问我是否对研究自动驾驶汽车的项目感兴趣。和其他具有前沿自动驾驶技术的公司一样，通用汽车正在开发自动驾驶汽车，并期望获得来自心理学家的意见。工程师希望我和我的团队能够回答一个简单的问题：人们会真正喜欢这样一辆汽车吗？

通用汽车随后向我们展示了一辆非常炫酷和真实的模拟机，为我们开展简单的实验提供基础。[23] 我们对模拟机进行了编程，使其能够在三种不同的实验条件下模拟三种不同道路的行驶情况。在第一种条件下，参与者可以在任意道路正常驾驶汽车、控制转向、刹车、加速和变道；在第二种自动驾驶的条件下，汽车会自行控制这些特征；在第三种拟人化驾驶条件下，汽车不仅会自动驾驶（即第二种条件），还会增加另外三种简单的特征，即我们为这辆汽车取名为"艾丽斯"，设定其性别（女性）和声音——艾丽斯引导自动驾驶行程的过程类似于全球定位系统。

所有的实验参与者会行驶通过两个路段：一个为模拟一座城市的常规路段，另一个为非常规路段——所有参与者在这一路段都会被迫遇到不可避免的事故，事故原因是汽车突然变道并发生碰撞。此外，我们还在研究中利用三种方式测度了参与者对汽车的信任程度：（1）我们要求参与者报告行驶在第一个路段时对汽车的信任和肯定程度，以及喜爱程度；（2）当参与者行驶在第二个路段遭遇事故时，我们测量了参与者的心率以评估其生理激发情况；（3）我们对参与者遭遇事故时的反应进行了录像，然后由研究助理评估参与者表情的惊恐程度。这些测度既捕捉了参与者自己报告的对汽车性能的信任，也刻画了其对汽车舒适程度的信任。

这些测度让我们得以考察人们是会更加积极地响应正常驾驶还是自动驾驶。那么，额外增加的人类特征有什么作用吗？

我们发现，对比拟人化条件、自动驾驶和正常驾驶，参与者在第一种条件下发生事故时表现出的惊恐程度更低（录像反应测度和心率变化测度都更低）。我们也询问了参与者，他们认为应该对汽车进行哪种程度的惩罚，以及汽车应该对事故的发生承担多大责任。人们认为，在自动驾驶和拟人化驾驶条件下汽车的责任更大，在正常驾驶条件下汽车与事故几乎没有关联。人们的回答并不令人感到意外。有趣的是，人们认为在拟人化条件下汽车应该承担的责任与接受的惩罚比自动化条件下的程度低。这意味着当汽车更像人类时，参与者对汽车做出了无罪推定。人们虽然对自动驾驶汽车的安全性存在担忧，而且喜欢自己驾驶，但总体而言对于汽车自动驾驶的反应是更加积极的。同时，人们在汽车拥有声音、名字和性别时，其反应的积极程度更高。

这项研究回应了第 3 章所展示的关于人性化如何激发道德关怀的研究。它证实了只有人性才能增强人类的信任和人类与科技的紧密联系，只有人性化才能让人们在机器代理人的环境中保持自身的人性。

重视恐怖元素

由于研究方法和时间受限，我们对自动驾驶的研究只能添加最微小的人类线索——性别、姓名和声音。当我公开汇报这一研究结果时，人们提出，增加更多的人类特征是否会对使用者构成威胁或是引起他们的不适。对于这个问题，我的回应是"的确如此"。

很多人对"恐怖谷"的概念十分熟悉，机器人专家森政弘（Masahiro Mori）在 1970 年观察到，当机器人的外表变得越来越拟人化时，人们对机器人的态度会更积极，但达到特定的程度后，人们会害怕机器人与人类令人恐惧的相似性。[24] 达到这个特定的程度，人们会转而憎恶机器人。进入"恐怖谷"的对象不仅包括机器人，也包括动画角色，如汤姆·汉克斯在《极地特快》中扮演的列车长，汉克斯扮演的角色看起来太像真正的汉克斯了，以至于难以将他划分为人类或非人类，因而导致了令观众感到排斥的不适感。[25] 在森政弘的论文原文中，他描述了一只看起来像人类的但摸起来毫无生气的冰冷的假手。这里就是不舒适感出现的地方。

2016年由日本传奇动画导演、动画师宫崎骏主演的一个热门视频作品就解释了这种现象。该视频描述了一群学生程序员向宫崎骏展示由人工智能程序创作的动画,动画中一个看起来像人类的僵尸扭曲地穿过房间,但其行动方式没有任何人类的痕迹。宫崎骏对此感到厌恶并回应道:"不论是谁,这个作品的创作者根本对疼痛没有认知。我也对此感到非常厌恶,我强烈地感受到这对生活本身是一种侮辱。"[26]

在多年尝试研究"恐怖谷"的经历中,我从未真正地发现它在现实实践中的重要性。我也观察到,对这种现象的实证研究有时无法证明预测的模式。[27] 那么,森政弘论文题目中的"Bukimi No Tani"(神秘谷)并不应翻译为"恐怖谷"(这是美国作者的误译),而应概述为"怪诞的山谷"。这种更普遍的现象解释了更简单的一点:更强的人性化并不意味着更好。虽然这是本书第2章和第3章的中心观点,即人性化提升了人们对意义、价值和道德的理解,但过多的与人类的相似度似乎也会令人生厌。事实上,技术理论家尼古拉斯·卡尔(Nicholas Carr)解释了消费者接受机器人智能语音(如亚马逊回声、谷歌智能家居和苹果音箱)的原因之一就在于这些语音不像人类的话语。卡尔解释道:"智能语音因为缺乏人类特征而避免了'恐怖谷'现象。"[28]

在接下来的部分,我们将看到要设计有效的人类与机器互动的科技需要了解拟选择的人类线索。大量研究考察了如何最优化地实现机器的拟人化,让它们看起来更像人类以接近用户,同时又不至于太过怪诞导致用户排斥。现在，让我们一起来探索相关研究。

声音释放人性

声音交互智能语音的成功实例以及我们从早期的智能驾驶研究中获得的见解都表明，声音可以引导人性化科技通向积极的结果。事实上，声音或许是在不引起反感的前提下传递人性最重要的特征。

著名的人类—计算机互动专家克利福德·纳斯（Clifford Nass）和他的学生斯科特·布雷夫（Scott Brave）在他们2005年合著的作品《连线语音》（*Wired for Speech*）中讨论了拟人技术中声音的关键性作用。纳斯和布雷夫介绍了声音如何通过科技与人类互动，他们表示："在长达20万年的进化过程中，人类的大脑与同频的声音连线，人类以声音激活的方式与他人互动，并基于这种识别开展行动……由于人类会基于声音交流做出社交响应，设计者可以探索所有由声音发起的自动而有力的回应……以此增进信任、效率、优化学习行为甚至购买行为。"[29] 他们建议将声音作为一个实体人类相似度的基础线索，此后的研究也显示声音线索以不同的积极方式影响着人类的参与。

心理学家朱莉安娜·施罗德（Juliana Schroeder）和尼克·埃普利也对声音在科技应用之外的研究进行了探索，他们揭示了声音是如何传递信任的。在研究中，他们邀请专业的招聘人员和参与者扮演招聘者来评估应聘者的自我推荐。[30] 观察者会观看、聆听或阅读应聘者通过视频、音频或文字方式提供的自我推荐。对比让招聘者自行阅读自我推荐的文字信息和让应聘者通过声音（音频或视频）进行自我推荐，招聘者在听到应聘者的声音，即第二种情形下，会认为应聘者更聪明或更能胜任工作——即便三种方式提供的信息完全一样。此外，施罗德和埃普利发现，以视频呈现的自我推荐并没有比音频呈现的自我推荐更好。因此，他们的研究得出结论：传递信任的关键是声音，而不是视觉呈现。在其他研究中，施罗德和埃普利也发现，将声音（非视频）添加到由计算机生成的脚本信息中，会让人们更相信信息的创造者是人类。[31] 这项研究也证明了声音在人类参与中的关键作用，在有智慧的思想交流过程中，可观测的视觉呈现并没有为声音增添额外的效果。

让机器人弱机器化

声音是机器人设计的关键人性化线索，但是设计者如何最优化机器人的行为呢？正如本章的前面部分以及第 6 章所讨论的，我们倾向于认为技术因机械性的、可预测性的属性而具有优势，人类在脱离脚本的行为方面具备能力。所以，在机器中设置一定程度的不可预测性可以增加人类的参与度。

这项指令或许听起来有些违背直觉，为了证明这一点，我们可以考察一家儿童教育中心的学步期幼儿对拟人机器人的反应。[32] 该研究需要在五个月内分三个不同的阶段观察孩子们与机器人的互动情况。在第一阶段,研究人员会向孩子们介绍机器人,展示它们的全部行为技能,包括走路、跳舞、站立、躺下、咯咯笑和做手势。在此期间,研究人员评估到的孩子们与机器人的互动水平在稳步上升。但是,在第二阶段,研究人员在机器人的行为中加入了不可预测的元素,大部分以机器人独自跳舞为主。这一阶段,孩子们与机器人互动的质量大幅下降。在第三阶段,研究人员再次为机器人添加了完全的行为应变能力,孩子们与机器人的互动再次改善。此时,孩子们将机器人视为同伴,而不是没有生命的物体,他们完全相互融入。

我自己的部分研究也支持这一观点,相关内容在本书引言部分有所提及。这证明了机器人以最微小的不可预测的方式行动能够鼓励人们理解机器人的行为所创造的意义。[33] 这种创造意义的动机随后可以推动人们对机器人的拟人化。例如,我们对一台计算机型的机器人进行编程,使其能够以两种模式回答"是"或者"不是":第一种为一致模式(几乎一致为"是",或者一致为"不是"),第二种为具有不可预测性的模式(50%为"是",50%为"不是")。当机器人以不可预测的模式行动时,人们更愿意将它们视为人类。在随后的工作中,我们发现鼓励人们以人类的方式对待非人类的对象有助于其更好地理解对象。我们的研究也显示,微小的不可预测性就能激发人性化过程,进而提升人类与技术的互动。

这里提出的想法并不是要将机器人的行为设置为随机的,而是要在机器人本身特定的任务之外设置不易察觉的可变性,以使人类更好地和机器人相处。细微的不可预测性会激发人类通过人性化的方式来理解不可预测性的意义。通过这种方式，让机器人变得略微不那么机器化能够改善人类与机器人的互动。

这样的机器人在现实中的一个实例是机器人米莫斯（Mimus）。米莫斯是由运算设计学者玛德琳·甘农（Madeline Gannon）开发的一款工业机器人，它的行为模式被设定为不受约束的方式。米莫斯的网站上的说明书这样写道："米莫斯没有预设的移动方式：她被设定为能够以自由的方式利用自己的部件进行探索和漫步。"[34] 在伦敦设计博物馆展出期间，米莫斯可以模仿参观者的行为，通过远近移动来回应对方的手势，探索周围的环境或是简单地感到无聊而选择休息。在这里，米莫斯的说明书写道："通常，像米莫斯这样的机器人是与人类相隔离的，因为它们需要在产品生产线上完成重复性极强的任务。但我们从米莫斯身上可以看到，将工业标准化的硬件用聪明的软件包装起来，就可以完全重建人类与这些复杂的、常常充满危险的机器之间的关系。我们证明了像米莫斯这样的自动化机器人可以在未来成为与人类共存的伙伴，而不是敌人。"

但是，米莫斯在真实的工业场景中如何开展工作尚不明确。在这种场景中，工人们能够更友好地回应偶尔才停下休息的工业机器人以更好地与它们互动吗？如果人类员工能够适应更多元化的机器行为，他们能够更快地解决机器无法解决的问题吗？我非常赞成针对机器的同步性展开实验，以检验少量的机器自发性能否在工厂车间形成更好的人类与机器的合作关系。

人类掌控力

人们设计让人类员工负有责任感的机器人,目标在于赋予人类员工权力。这个目标也强调了一直以来人们对智能技术的进步存在的担忧——它会威胁人类的自治。事实证明,人类通常喜欢对自己人有话直说、掌控自身的状况并在日常行动中体验可选择性和独立性。当技术威胁到人类的自治时,即便它会为人类带来便利,我们也可能抛弃它。针对这种威胁,潜在的解决方案是让机器人看起来更像孩子。由于对自治的威胁已经成为老龄化群体普遍的担忧,引入机器人在日常生活中协助他们很可能进一步加剧他们的焦虑。如果提供照料服务的机器人自身也需要被照顾,这样的关系可以赋予老年群体责任感和权力。

我请教过坦迪·特罗尔(Tandy Trower)这种情况出现的可能性。[35] 撰写本书时,特罗尔任医疗机器人创业公司 Hoaloha Robotics 的首席执行官。此前 28 年,他供职于微软公司并成功发布了 Windows 操作系统及其他标志性的产品。2005 年,他加入微软创始人比尔·盖茨的战略团队,随后开始负责微软的机器人项目。2009 年,他离开微软创建 Hoaloha Robotics,致力于开发为老年群体服务的、可执行多任务的社交陪伴机器人,这些任务包括寻找物品、为用户提供给孙辈打电话一类的日程提醒。特罗尔曾告诉我:"我们的用户将机器人作为下属而不是仆人来对待,这一点非常重要,它既可以保证用户感觉到一切尽在掌控之中,也能够帮助用户对机器人形成合理的预期……我们的方法用以陪伴为中心的范式作为出发点,而我们的模式是让其发挥传统的副手作用。在几乎每个案例中,从巴尼到弗雷德、从布布熊到尤基熊(是的,这暴露了我的年龄)、从罗宾到蝙蝠侠……始终有一个主要人物和下属。在我们的场景中,用户就是主要人物。我们通过几种方式来加强这种模式。首先,在设计层面,我们将机器人设计为更年轻、更像孩子的性格。在进行自我介绍时,机器人会表示自己知道得不多且需要通过和用户的互动来改善。"特罗尔明确地理解了赋予用户自治权和给予用户照顾他人的机会的重要性。

将照顾老年人的机器人设计为下属或是孩子同样符合赋予老年人掌控机会的逻辑。1976 年,心理学家埃伦·兰格(Ellen Langer)和朱迪斯·罗丁(Judith Rodin)开展的一项著名研究显示,对比将植物交由养老院员工照顾的老年群体,赋予老年人照顾家养植物的责任会提升其积极性、警觉性和日常幸福感。[36] 通过照料植物增强他们的责任感为其带来一种自我行为意识,这种意识显著提升了个人幸福感。基于同样的逻辑,赋予老年人照顾孩子般的机器人的责任也能够创造一种掌控感,即便机器人是为了帮助他人而出现也成立。

一个比较激进的儿童化机器人的成功案例是机器人 Blabdroid,它几乎不完全是一个机器人。Blabdroid 是由艺术家和机器人专家亚历山大·雷本(Alexander Reben)开发的一款纸板机器人,他靠轮子移动并有一张天真的婴儿般的脸,说话的声音也像孩子一样。在一次专家会议中,雷本和我坐在一起讨论人工智能的未来。雷本指出,他特意使用了纸板而不是塑料或金属，因为这样会让机器人"看起来更加亲切、更加脆弱"[37]。他还播放了一段影片，展示了他将多个 Blabdroid 送往全球各地的情况，Blabdroid 配备了视频摄像头，以记录人们对其提出的不同要求。雷本将机器人进行编程，让它在公共场合出现故障并且需要帮助，以此来验证路过的行人是否愿意提供帮助。令人印象深刻的是，Blabdroid 被设定为向陌生人提出敏感的问题，例如"这个世界上你最爱的人是谁"，或者"你从来没有告诉过陌生人的事情是什么"，结果显示人们愿意向 Blabdroid 吐露自己内心深处的秘密。Blabdroid 孩子般的外表让人们感到舒适，而这似乎让他们更放松并愿意与它合作。该实验也证明，机器人与人类互动的最有效的设计并不一定是技术上最复杂的设计。

匹配任务和用户

除了设计能够使人类保有自治权的机器人，让其根据特定的任务、不同的用户实现个性化也非常关键。研究一致表明，完成这项工作可以优化用户体验。通过证明任务匹配的重要性，迈克尔·诺顿和我发现，当人们需要机器人执行认知类任务（如数据分析）时，人们更喜欢机器人的设计看起来具有认知能力；当人们需要机器人执行社交类任务（如社会工作）时，人们更喜欢机器人的设计看起来具有情感能力。[38] 我们借鉴的相关研究成果显示，相较于富有肌肉感、面部看起来更成熟的机器人，人们认为具有童颜特征的机器人更具情感能力，如小小的下巴和大大的眼睛。在我们的研究中,人们在需要机器人执行情感任务时更倾向于童颜机器人。这一发现也为如何减轻机器人在执行情感任务时带来的不适感提供了答案——让机器人看起来更有情感能力。

心理学家珍妮弗·戈茨(Jennifer Goetz)开展的研究也揭示了机器人的外观与特定任务相匹配的重要性。[39] 在一项研究中,戈茨及其团队设计了两种维度的机器人:一种更像人类,另一种更像机器。他们让大学生选择自己喜欢的机器人来完成工作,这些工作实际上对应着更高或更低的社交属性。偏好更像人类的机器人的参与者对应的工作本质上具有强社交属性,如有氧运动教练和博物馆向导;偏好更像机器的机器人的参与者对应的工作的社交属性更弱,如海关稽查员和实验室助理。该团队随后的研究显示,人们在利用机器人监督锻炼计划时,更愿意和表现得更严肃而不是更幽默的机器人配合。因为这些任务本身就不是幽默的,相反,需要纪律约束,机器人的个性与任务之间的匹配可使人类更好地参与其中。

按照这种方法,心理学家盖尔·卢卡斯(Gale Lucas)及其团队研究了机器人心理治疗可能呈现的方式。卢卡斯及其团队的研究显示,通过设计一个看起来具备情感理解能力的虚拟人类,可以提升参与者在进行由机器人执行的心理健康甄别面试时的舒适感——一个充满了情感的情形。[40] 在这种范式下,这个可以探测到具体情感和实时响应的虚拟人类会出现在计算机屏幕上以执行半结构化的面试。在卢卡斯的实验中,心理健康甄别面试会在两种条件之间转换:第一种条件是实验参与者相信虚拟人类是完全自治的，第二种条件是实验参与者相信虚拟人类由隔壁的研究人员控制。参与者会在面试中回答一些问题，例如"告诉我你希望从记忆中删除的一件事情或一样东西"，并对整个面试过程进行评估。当参与者相信其他人类没有干预这个过程，自己完全是和人工智能单独相处时，他们提供的个人信息更多，其报告的对被给予负面评价的害怕程度也更低。换言之，当机器人看起来更加独立地具备情感性智能时，人们会更自然且更有效地与其合作。

克利福德·纳斯及其团队的其他研究显示，让机器人与任务匹配非常重要，让机器人与用户匹配也非常重要。纳斯的研究还揭示了将技术型代理人的声音与用户的情绪状态和性格相匹配带来的好处。在其中一项研究中，纳斯的研究团队衡量了参与者的性格，并将他们分为外向者和内向者。随后，让参与者细致浏览亚马逊等购书网站[41]，网站提供了相关信息以及由会发声的代理人朗读的图书评论。在不同的条件下，纳斯通过控制代理人的声音来让其听起来外向或者内向，制造出语速更快、声音更大、平均频率更高、频率范围更广的讲话声，以此模拟外向者的朗读声。同理，内向者的声音模拟与之相反。

在浏览网页后，参与者对每位发声代理人进行评分，不论是内向者还是外向者都认为与其性格相匹配的代理人具有更高的可信度、受欢迎程度，并且其评论更有价值。两组参与者也报告了当自己与发声代理人的性格相匹配时，他们有兴趣从网站购买这些图书。一项后续研究也发现了相似的结果，该研究利用一个在线拍卖网站来模拟易贝网（eBay.com）的模式。纳斯及其团队通过编程在网站植入了外向和内向的声音（与控制图书推荐的声音的速度、音量、频率和频率范围维度相似）来描述收藏品的拍卖，结果显示参与者更喜欢与其性格相匹配的声音。

为了进一步研究这一点，纳斯及其团队开展了另一项研究。他们利用一个驾驶模拟器来观察机器与使用者情绪状态的匹配情况。[42] 在这项研究中，研究者首先通过播放电影和录像带来控制参与者的情绪，通过开心或悲伤的主题来让参与者进入好的或坏的情绪。接下来，所有参与者都驾驶一段由"虚拟乘客"系统导航的模拟路线。对其中一半参与者，"虚拟乘客"以开心的、富有能量的语调说话；对另一半参与者，"虚拟乘客"则用克制的、悲伤的语调说话。参与者可以与"虚拟乘客"对话，他们对话的数量被作为其参与程度的测度。驾驶结束后，参与者需要完成一份评估总体体验的问卷。与此同时，研究人员记录了在模拟驾驶过程中参与者发生事故的次数以及驾驶过程中的专注程度。其中，专注程度由他们在具体驾驶任务中的反应时间来度量。

结果与预期一致，驾驶员和代理人的情绪状态相匹配极大地改善了驾驶员的驾驶体验。当一名听起来开心的代理人陪伴着开心的驾驶员时，或是当一个听起来悲伤的代理人陪伴着悲伤的驾驶员时，参与者发生事故的次数更少，并表现出更高的警惕性和对道路事件更快的反应速度，即使他们更多地在与"虚拟乘客"交流也是如此。情绪匹配提升了驾驶员的参与度和安全性。

总之，这些发现都说明机器人个性化的重要性，不论它们是工作机器人、休闲机器人、购物机器人、交流机器人还是其他类型的机器人。了解机器人将要执行的任务,了解机器人的使用者,能够让机器人的设计者根据具体的用户体验量体裁衣,进而优化人类与机器的合作关系。

****

开始撰写本书的 6 个月前,我到特拉维夫参加了一次学术会议。我从位于芝加哥的家出发,用手机上的优步订好了去机场的车。过去,我需要和的士调度员来回接打电话。在车里,我并没有和司机交谈,而是戴着耳机听卡迈耶(Kamaiyah)的专辑。在去往机场的路上,我在手机上换好了登机牌,以避免使用登机中介的服务或是到机场的自动登机牌发放机领取登机牌,这样我就可以径直前往安检区域。

我的第一段航程是从芝加哥奥黑尔机场到新泽西州纽瓦克机场,并在此停留四个小时。纽瓦克机场提供了非常棒且富有创意的(对我而言)晚餐体验,只需要简单地在任意一张餐桌前坐下,浏览对应餐桌的 iPad(苹果平板电脑)显示的菜单,并选择自己想吃的东西。随后,服务员就会将餐食送到你的餐桌前,以最少的互动完成这一环节。用餐完毕后,用点餐时使用的 iPad 即可完成支付。

在吃完意大利肉酱面并喝掉一杯健怡可乐之后,我意识到自己忘了带手机充电器,而我的下一段航程的航班很快就要起飞了。我找到了一台出售各种电子设备的自动售货机,使用这台机器让我免于在商店排队或是应付过于热情的售货员。最后，我顺利登上了前往特拉维夫的航班，非常幸运的是，我旁边的座位刚好没人。这是一个人所能够拥有的在一次国际航程中最远离人类接触的体验了。

要体验我所描述的令人愉悦的行程，并不要求体验者是内向的人。即便是我们当中最喜欢社交的人，也会享受旅程中的这份自由与效率。然而，当我更加深入地探索与本书相关的研究时，我意识到与更多的人类接触相比，更少的人类接触才是极为匮乏的体验。即便更多的人类接触以损失便利性为代价也是如此。当科技变得更为先进，旅行和其他基本的人类活动都将越发远离人类接触（此处描述的经历对将来的读者而言将是平常的场景）。人类之间的关系将变得不那么密切，而找到方法来应对他人的感受、意愿、期望、需求和选择的复杂性也将不再是一项必须的活动。因此，我们义不容辞地需要对抗自动化，或者至少让我们与科技之间的互动更加人性化。

我们也许还会问，如果人类有意愿和他人发生社会联系，那么为什么如此多的人类首先更偏好的却是远离人类接触的体验呢？正如我们已经讨论的，与人类互动具有心理需求并需要同理心，而这正是我们的认知技能中最困难的任务之一。由于人类进行深度社会参与的能力有限，我们常常需要放弃或忽视其他不属于自己核心社交圈的人（那些在心理上与我们显著不同的人）。在接下来的两章中，我们将了解如何改善自己与他人（即那些和我们社交距离遥远的人以及与我们最亲密的人）的关系。

第 8 章

重视冲突中的人性

如果人类与机器的冲突代表了人类社会面临的最新挑战，群体间的冲突则是最古老的挑战。不同种族、民族、宗教、意识形态和部落之间的冲突存在了数千年，对此类群体间冲突的研究奠定了我（相对初期的）对家庭原则和社会心理认知的基础。

第二次世界大战之后涌现了丰富的关于群体间冲突的研究，随后的几年中，社会心理学家们一直在尝试解释一系列事件，如大屠杀、波斯尼亚种族灭绝和卢旺达种族大屠杀。然而社会心理学家对群体间冲突最重要的见解可能来源于一次露营。心理学家穆扎弗·谢里夫（Muzafer Sherif）和卡罗琳·谢里夫（Carolyn Sherif）开展了一项非常著名的研究，探讨了20世纪50年代早期发生在美国俄克拉何马州罗伯斯山洞州立公园的美国童子军露营者不同派系的相互斗争。[1] 在该研究的若干重大发现中，最关键的贡献在于揭示了人们可以通过强调共同的目标来缓解群体间的冲突。此后几十年的后续研究都聚焦于高层级的目标（代替了任何一个特定群体利益的目标）所带来的益处，这些目标包括对抗共同的敌人或是创造共同的身份。共同的身份、共同的目标和共同的敌人突出了"他们"的人类需求，从而显示出他们和"我们"惊人的相似性。

在探讨这些具有共同背景导向的尝试建立共同人性的努力之前，让我们首先以更广义的角度考察弱人性化在群体间冲突中的作用。当然，即便没有弱人性化趋势的存在，冲突也会爆发，但我相信它是冲突的中心所在。让我们回顾关于弱人性化的一些基本观点以解释背后的原因。

回到我们在引言中提出的弱人性化的定义，弱人性化表示人们无法将其他人作为拥有思维和感知能力的存在来对待。因此，弱人性化可能以以下方式助长了暴力或其他形式的冲突：假定我们强烈地厌恶对其他人类造成伤害，那么构建一个缺乏情感和理性的外部群体就意味着对这个群体的伤害不构成对人类的伤害——对他们的伤害和用笔记本砸桌子的伤害是一样的。除了助推伤害，人们也可能利用弱人性化来做事后推断，将群体间的暴力正义化，为已经存在的侵害寻找说辞，例如"他们不是真正的人类，因此这样的犯罪并没有那么严重"。[2] 这种事后推断的弱人性化可能会默许随后针对该群体的暴力行为，因为人们更容易对已经被不公平对待的人表现得更具攻击性。

冲突背后存在若干可能的影响机制，弱人性化仅仅是其中一种。但我相信，弱人性化无疑是群体间冲突最重要的机制，因为它代表了我们如何在认知上处理自己和他人的关系。一系列核心的心理学机制让我们自然地在无形之中以弱人性化的方式对待他人，从而导致了我们对外部群体的过度弱人性化。让我们依次考察这些机制是如何运行的。

首先，人们会发自内心地认为自己比他人拥有更强大的心智能力。尼克·埃普利、朱莉安娜·施罗德和我将这种现象称为"次级心理问题"（lesser minds problem）。[3] 这个问题的出现不仅仅是因为我们认为自己具有心理优势或是比别人更聪明，也来源于认知的一项基本特征，即我们能够直接获知自己的想法，但不能直接获知别人的想法。因而由于获知他人的想法是间接的，所以他人的想法似乎是次级的。也就是说，与我们自己的想法相比，他人的想法更模糊、更脆弱、更不充分。数个分支的研究通过对他人心理状态的不同判断证明了这种现象。例如，研究显示，人们认为自己比别人享有更多的自由[4]，相信自己经历尴尬的频率比别人高[5]，也相信自己更具理性思维（例如不受认知偏见影响）[6]。我们认为自身的决心、情感和理性比别人的更加稳健，意味着我们从根本上认为自己比别人拥有更多的人性。

你可以就这种现象进行自我测试，如果你正在一家咖啡店阅读本书，或是正在家里和家人在一起，那么花一些时间来问问自己：你现在的感受如何，以及你对我在前一段所描述的信息有什么想法？现在，看着离你最近的一个人并问自己：这个人现在感觉如何，他正在想什么呢？完成这两项任务的难度存在的差异就是次级心理问题的关键。对我们而言，他人的思维相对于自己的思维可见性更低，因此看起来更肤浅。

与此同时，我们所认为的他人的思维相对次级的程度并不是一致的。人们认为内部群体的思维和自己是相似的，因此内部群体也被合理地视为人类。[7] 内部群体指来自同一家庭、宗教、国家和种族的成员。了解内部群体成员的思维某种程度上是可控的，因为我们拥有共同的经历、历史和价值观，也更容易接近彼此的心理状态。对比而言，外部群体则天然地在外表、价值观、共同的历史和文化范式上与我们不同，以致要了解他们的想法更加困难。并且，由于这种简单的对比效果——对比外表和行动与我们相似或不相似的人，我们大部分时候都认为外部群体成员比内部群体成员的心智能力更弱，进而其人性也更弱。[8]

内部群体和外部群体的差异代表了导致群体间弱人性化的第二种心理学机制。次级心理问题和内部群体—外部群体的差异现象说明了群体间的敌意并不是弱人性化出现的必然因素。（但是，敌意的确扩大了内部群体和外部群体之间的差异。）这些过程都简单地源于人们的视野和注意力如何运行，即我们发觉自身而非他人内心的复杂性的能力更强。由于认为外部群体次于人类是一种内在的心理倾向，弱人性化往往成为群体间互动的起点，从而创造了冲突持续的理想条件。

正如引言中提到的，当暴力变得越来越频繁且严重时，真实而公然的群体间弱人性化便不是过去的遗留物。政府领导人和军人战略性地使用针对外部群体的弱人性化说辞，以突出"我们"和"他们"之间的差异，进而导致冲突持续存在。例如，巴以冲突就充斥着这种类型的弱人性化，以色列总理内塔尼亚胡一直将穆斯林和非以色列的中东人比喻为"野兽"[9]和"危险的动物"[10]。

历史学家罗布塔·斯特劳斯·弗里利希特（Roberta Strauss Feuerlicht）在介绍1981年的一份报告时，解释了这种弱人性化现象。该报告的内容为以色列人与阿拉伯人签订的约旦河西岸军事协议，由以色列人权及公民权利联盟发布。弗里利希特提到了报告中的一些细节："来自以色列预备役军人的信息显示，他们正在为自己经历的事情感到困扰。一名预备役军人称，当他所在的部队到达希伯仑时，他们参与了关于阿拉伯人的一次会议，指示他们，阿拉伯人'和人类不一样'，应当被当作'动物'来对待。"[11] 冲突中无处不在的弱人性化言辞让问题更棘手，因为它减轻了人们在伤害他人时的道德负担。

弱人性化的言辞在其他长期冲突中也日渐激烈，如发生在印度的印度教教徒与穆斯林之争。印度北方邦是印度人口密度最大的地区，2017 年年末，北方邦首席部长约吉·阿迪蒂亚纳特（Yogi Adityanath）称穆斯林为"一群应当被终结的两条腿的动物"[12]。这种描述的意图就在于激起印度教青年军人组织的仇恨，他们认为这是穆斯林过去犯下的错误，由此产生憎恨之情。而当这些内容被一名拥有政治权力的人传播时，这些言辞就点燃了印度教教徒与穆斯林之间长期仇恨的火焰。

此类的弱人性化在缅甸也严重泛滥，这里的军队展开了大规模的针对大多数穆斯林罗辛亚族人的种族灭绝行动。这一冲突起源于第二次世界大战的战后余波。当时，穆斯林的罗辛亚族代表英国而战，大部分佛教徒则代表日本与英国对抗——佛教徒占据了缅甸人口的绝大多数。《纽约时报》2017 年的一篇文章介绍了身居高位的佛教人士在过去几十年中是如何煽动这场冲突的。杰弗里·格特曼（Jeffrey Gettleman）写道："一些具有影响力的佛教僧侣称罗辛亚族是蛇与昆虫的化身,应当像害虫一样被清理掉。"[13]这种将罗辛亚族人视为应当被消灭的害虫的妖魔化观点,点燃了罗辛亚族人的抵抗情绪,最终导致了骇人听闻的暴力结局。

除了这些著名的案例,证明此类群体间弱人性化趋势的科学证据也广为流传且包罗万象。[14]例如,我们在第 1 章中看到,研究显示人们认为相较于内部群体,外部群体的进化程度更低、更像动物。人们往往相信内部群体成员才能体验人类独特的情感,如乡愁和乐观主义,而外部群体成员只能体验底层的情感,如恐慌和害怕——人们通常认为低等动物也有这些情感。相关研究显示,不同种族的人都认为外部群体成员缺乏人类独有的特征或人类本质的核心特征。[15]

弱人性化同样主导着对种族和少数民族的刻板印象和认知。心理学家菲利普·戈夫(Philip Goff)及其团队揭示了人们更容易将类人猿的形象与黑人的脸(而非白人的脸)联系在一起。[16]戈夫的研究也显示,在描述黑人罪犯的新闻报道中,与类人猿相关的词语多于同类型的描述白人罪犯的新闻报道。我与心理学家凯莉·霍夫曼(Kelly Hoffman)及苏菲·特劳瓦尔特(Sophie Trawalter)的相关研究丰富了此类研究,我们认为存在另一种形式的种族偏见弱人性化:观察者认为黑人比白人经历的痛苦更少,并且其所需的疼痛治疗也少于白人,即便其产生疼痛的原因相同也是如此。[17]有趣的是,戈夫和我们的研究都发现,不论是白种人还是非白种人都存在这种种族偏见,这意味着该效应并不单纯地来自偏见本身。无论如何,这种弱人性化的认知以颇具影响力的方式助推了种族之间的分隔。例如,人们长久以来一直低估了非白种人所经历的痛苦。其中一项研究显示,对比主要的白人社区,非白人社区的药店镇痛药的存货不足。[18]

另一个有说服力的解释种族偏见的例子发生在医疗环境中,以著名的非裔美国人、网坛巨星塞雷娜·威廉姆斯(Serena Williams)为例。在女儿出生后不久,小威廉姆斯险些因自己报告的疼痛被忽视而丧命。[19]她描述了自己的经历:她突然呼吸急促,于是要求护士给她做CT(计算机断层扫描)并使用血液稀释剂来治疗血栓——她认为自己出现了血栓症状。护士却认为她不清醒,赶来的医生只给她的下肢做了超声检查。在做了不全面的超声检查后,终于做了CT,检查结果显示她的肺部确实有血栓。小威廉姆斯的遭遇是医疗专业人士倾向于忽视黑人病人的一个悲伤的例证[20],这种倾向可能会导致非裔美国妇女在生产后以非正常的概率走向死亡[21]。

类似于对疼痛认知的种族偏见,我和霍夫曼及特劳瓦尔特的相关研究还发现了一种独立存在的种族弱人性化——一种特别存在于白人中的针对非裔美国人的种族弱人性化,我们发现白人实验参与者会将黑人超能力化。[22]例如,在一项研究中,我们向白人参与者提出这样的问题:如果要在一名白人和一名黑人中做出选择,你认为谁是更具超能力的人?例如可以抵抗饥饿或口渴,或是即使从飞机上跳下来也毫发无损。大部分时候,参与者都非常一致地选择黑人。尽管这样的描述表面上看起来是赞赏,但请注意人类超能力化事实上也包括否认人的核心心理状态,并将他们划为人类之外的其他物种。此外，我们还发现，这种将黑人归类到人类之外的趋势——将其划入像上帝一般的或是神一般的范畴，导致了人们认为黑人承受的身体痛苦更少。

所有形式的弱人性化都有一个共同点，那就是否认种族外部群体和少数民族拥有复杂的内心世界。通过否认内心世界，人们可以更轻松地将偏见和歧视正义化、持久化。作家托妮·莫里森（Toni Morrison）刻画了种族主义内在的弱人性化本质，她指出其最普遍的特征还连带着额外的后果："它的作用，种族主义最严重的作用是分心。它让你远离自己的工作，它让你一次又一次地解释自己存在的理由：有人说你没有语言，于是你花了20年时间证明你有；有人说你脑袋的形状不合理，于是你让科学家们证明它合理的事实；有人说你没有艺术天赋，于是你去证明你有；有人说你没有自己的王国，于是你去证明你有。没有任何一件事是必要的，永远还会有另外一件事情。"[23] 否认一个群体"存在的理由"，否认他们的语言、艺术或王国就是否认这个群体取得人类成就的能力，就是把他们当作了更低等的存在。

寻找人类的共性

前述案例解释了次等心理问题如何引发了弱人性化，以及群体间的隔阂如何加剧了弱人性化。相较于自己，人们对他人的了解更少，因而认为别人次等。外部群体成员对人们而言更加遥远、差异更大，因而人们会认为他们格外次等。如果这些过程代表了对外部群体成员的弱人性化，那么找到减轻群体间弱人性化的解决方案似乎很简单：只需要聚焦于如何缩短人们之间的社交距离，让他们觉得彼此更加相像，进而从感知上把对方作为人类来对待。这条建议尽管听起来非常简单，在实践中却要复杂得多。重要研究显示，尝试在不同群体间寻找人类共性发挥了很好的作用，而后续研究也弥补了将人类共性作为一种万能解药的空白。我们将依次对此进行考察。

近期，我的一名学生论证了识别人类共性可以作为弱人性化的解决方案——该研究比科学研究做得还好。在给高级管理人员工商管理硕士（EMBA）项目上课期间，我常常和富有魅力的学生们面对面交流。参加此项目的学生年龄通常在40岁左右，一边工作一边在校学习。他们是各自行业中身居总裁级别职位、财务上非常成功的人，这些行业包括金融服务、通信与信息技术以及制造。但有一名特殊的学生因其独一无二的背景而格外引人注目——他曾是美国陆军特种部队"绿色贝雷帽"的队员。

当我告诉EMBA的学生们我正在写一本关于人性化和弱人性化的书时，这名学生（我将在下文叫他戴维）在课后主动联系我，并就这两个主题与我进行了广泛的交流。戴维不单单是一名特种兵，还是一名有着20年从军经历、参加过9次作战部署的军人。这些行动包括2001年"9·11"事件后美国在阿富汗部署的抗击塔利班的第一批队伍，以及美国在2003年对伊拉克的进攻。

而我最感兴趣的是戴维的弱人性化经历——军队如何消除

人们对杀戮的不适感。他告诉我，弱人性化渗透了军队文化，不论是国际的还是本国的，甚至在描述战斗的语言中也存在弱人性化。战士们称敌方战斗人员为"目标"，或更简单地称其为"敌方区域"。戴维提到了"割草"的说法，其含义是杀死或捕获反叛组织的行动，这些反叛分子知道其他人会加入同样的反叛组织。戴维还描述了杀人如何成为职业化的行为，他说："作为特种兵，你在军队里就像在美国男子篮球职业联赛（NBA）或美国国家橄榄球联盟（NFL）打球的球员；这就是你的职业，一个毫无感觉的执行机器。"如果杀人仅仅是你工作的一部分，那么它就会变得习以为常：打破这个惯例就是违背了你的职责。

戴维还提到，幽默也是某种形式的弱人性化。他的队友曾经在人体炸弹爆炸后不久发现了此人的手。在他们盯着地上的手看的时候，其中一名同伴将它捡起来并举高开始挥舞。戴维清楚地意识到这一举动的残酷无情，但同时也注意到它驱散了当时的紧张气氛。

尽管在他的工作中，弱人性化的出现具有必然性，但戴维依然观察到人性化才是更有效的战术。他向我介绍了自己是如何通过和对方相互熟悉收获了这样的认知："一部分人的恐怖分子是另一部分人的自由斗士。"他还补充道："如果你以期待别人对待你的方式去对待他人，你将在战场上拥有更大的影响力；如果没有做到，那是因为他们不会讲你的语言而被当作了白痴。"换言之，只有停止把对方当作没有头脑的人来对待才能真正开始与对方富有成效地交流。他介绍了在实践中出现的人性化的举动：

"你遇到了毛拉,倾听他们的委屈,你在他们的土地上遇到了他们。我聊到了我的家人,我给他们看我孩子的照片,而他们也聊到了他们的家人。"

我们的研究显示,人们更多地聚焦于对外部群体所感知到的仇恨,而没有关注外部群体爱护自己群体内成员的能力——正是这种趋势加剧了冲突,戴维的见解补充了我们的研究。正如在第1章中提到的,我与利安纳·扬和杰里米·金杰斯发现,在政治冲突中,美国民主党和共和党都相信激励对方的不是来自内部群体的爱,而是来自外部群体的仇恨。我们在以色列人和巴勒斯坦人身上也发现了这种模式。[24] 我们在对以色列人和巴勒斯坦人开展具有全国代表性的样本问卷调查时,分别询问了他们以下内容:是什么原因让你们的内部人员支持冲突?是什么原因让对方成员支持冲突?他们对此的回答非常相似。巴勒斯坦人和以色列人认为自身支持冲突更多的是因为(对自身所在群体的)爱,而对方支持冲突则主要是因为(对外部群体的)恨。我们还发现,人们所感知到的这种恨与爱的不对称的大小可以预测人们对和解行动的反对程度,包括和平谈判或是针对以色列的两国方案进行投票。在其中一项研究中,我们对冲突的一方进行了激励,希望他们意识到外部群体是因为对自身所在群体的爱而支持冲突。结果受激励的一方在达成解决方案的过程中表现得更积极,并且更愿意进行谈判。在我们的研究中,在发现对方保护自己人和照顾家人的动机上,我的"绿色贝雷帽"学生的感受最为积极。

此类策略通过寻找共同的人性来缩短社交距离,通常划分为三类：创造共同的目标、创造共同的敌人和强调共同的身份。让我们来看看每种策略类型的案例。

共同的目标

谢里夫及其对夏令营的研究非常有力地证明了共同的目标是如何创造相互依赖性的。在此项研究的背景下，共同的目标就是管理共同问题的需求。他们开展了多项著名的实验，其中一项制造了一种实验条件，让参加露营的两个群体在到达营地后就发生冲突。他们被分别命名为老鹰队和响尾蛇队，并且在到达后迅速建立起了群体内部层级和社交规范，在碰面时持续地与对方发生恶作剧、嘲笑和辱骂等行为。

一旦研究人员（伪装成营地顾问）引入了引发共同目标的情形，这种紧张气氛就会消散。例如，在其中一种情形下，营地顾问故意制造了水源短缺问题，并建议两队成员协作来检查存在泄漏问题的管道系统。两队通过维修储水罐共同解决了水源短缺问题，他们一起庆祝，响尾蛇队更是在没有嘲笑对方的情况下让他们先喝水。（在此之前，响尾蛇队经常用幼稚的叫喊嘲笑老鹰队："女士优先！"）

引入的第二种情形是需要选择一部电影在营地播放。两队都希望观看经典海盗电影《金银岛》(*Treasure Island*)，但营地顾问告诉他们要弄到这部电影需要两队成员共同出钱。在共同资助了电影放映之后，两队成员还相安无事地在一起共享晚餐——一个非常罕见的场景。而在另一个阶段性的事件中，其中一队的工作人员呼吁两队的成员一起用绳子帮他把困在山里的卡车拉出来。完成这项壮举之后，伙伴们一起欢呼，呼喊道："我们赢得了汽车拔河比赛的胜利！"尽管谢里夫的实验并不满足当今心理学实验对道德和方法论的严格要求，但其提出了非常重要且意义深远的见解。[25] 那就是，当两个相互斗争的群体意识到共同的目标和需求时，他们可以创造出相互依赖的关系，进而促进合作和联系。

人们或许有对立的背景，旨在连接这些群体的项目往往通过引入共同的活动来尝试培养他们之间的相互联系。例如，以色列的佩雷斯和平中心创办了一所运动学校，让巴勒斯坦和以色列的儿童在混合血统球队中踢足球，并且将最大的奖杯颁发给最尊重对手的球队。[26] 布兰迪斯大学孵化器则将巴勒斯坦和以色列青年聚集在一起，共同工作，创立创业公司。巴勒斯坦企业家阿比尔·纳瑟（Abeer al-Natsheh）从"经济水平"角度介绍了该项目为两个群体带来的共同的益处，这里假定政治不是关注的焦点。[27] 此类项目中最突出的一个案例是"和平种子"，该项目和谢里夫最初的设定类似，即开设一个美国夏令营，让以色列和巴勒斯坦儿童共同度过一个夏天并一起参加活动或"和平游戏"，目的在于让不同群体之间的关系更加密切。

共同的敌人

虽然强调共同的目标能够有效缓解冲突，但要做到这一点往往非常困难，原因在于冲突正是来源于分散化的目标。识别共同的敌人是有助于削弱群体间弱人性化趋势的另一种类型的共性。心理学家乔纳森·海特（Jonathan Haidt）就曾经提出共同的威胁可以解决美国民主党和保守党之间的政治纷争，他表示："我们通常难以达成共识……我们（应该）从寻找共同的威胁入手，因为我们会就共同的威胁达成共识。"[28] 在"9·11"事件后，美国的两党团结在了一起。对我们当中还记得这个场景的人而言，海特的这一观点非常直观。通过明确地将"基地"组织和本·拉登确定为罪魁祸首，美国人将民主党人和共和党人团结在了一起，将思想多元化的个人集结成了共同为反对塔利班而战的集体。

海特在支持共同的敌人这一想法的同时，甚至非常乐观地提出，当行星撞向地球时，保守主义者和自由主义者也能为了拯救人类这一伟大目标而团结起来。他成立了一家名为"行星俱乐部"的组织，尝试将想法各异的人聚集在一起探讨共同面临的威胁。

电影版的海特提议出现在电影《独立日》（*Independence Day*）中。在这部影片中，外星入侵者发出威胁要袭击地球，由比尔·普尔曼（Bill Pullman）扮演的托马斯·惠特莫尔总统发表了令人难忘的演讲，指出需要团结强大的力量来应对新的共同敌人。他说："还有不到一个小时，我们的飞机就会和全球其他地方的飞机集结。而你们将会发起人类历史上最大规模的空中战役。今天，'人类'这个词对于我们每个人都应该具有崭新的意义。我们不能再纠缠于我们之间的细微差异，我们应该为了共同的利益团结起来。"无论是来自外星人还是行星的袭击,我都更希望它们不会出现,但我认可这些威胁能够突出人类共同拥有的一些东西——我们的道德观。

同时期篇幅更短的一些研究也揭示了为何共同的敌人能够强调竞争者之间的共同利益来缓解冲突。在非常有趣的一类研究中,组织行为学者张婷(Ting Zhang,音译)及其团队揭示了在竞争性谈判中,敌对的调解人可以充当共同敌人的角色,从而让谈判双方化敌为友。[29] 通常而言,在冲突背景下调解人的作用是减少双方的敌对情绪。但张婷首次对人们对调解人的预期进行了评估并发现,人们事实上预期善意的调解人比敌对的调解人对谈判更有帮助。随后,她观察这些人在竞争性谈判中的表现以检验其自身的预期是否准确,即谈判在遇到善意的调解人时更顺利,还是在遇到敌对的调解人时更顺利?

该研究的参与者在不同的商业谈判中扮演谈判对手,他们的任务是达成协议,在不同的实验条件下,他们会遇到善意的调解人或是敌对的调解人并开始谈判过程。善意的调解人会这样发言:"大家好,我是杰米,是今天诸位的调解人。我不能决定这场争论里会发生什么,以及你们如何才能解决问题。我的工作只是帮助那些像你们一样身陷冲突的人。"敌对的调解人则会这样发言:"大家好,我是杰米,是今天诸位的调解人。我不能决定这场愚蠢而恼人的争论里会发生什么,以及你们如何才能解决问题。我的工作是帮助那些像你们一样无法达成协议的人。"随后,张婷发现遇到敌对的调解人的参与者比遇到善意的调解人的参与者最终更容易达成协议。研究结果显示将调解人视为共同的敌人对于改善结果十分关键，实验参与者也表示他们相信自己的谈判对手对敌对的调解人有同样的负面评价。因而，这些研究揭示了共同的敌人如何突出共同的利益，并在对手之间创造出共识。

心理学家詹妮弗·博森（Jennifer Bosson）及其团队开展的其他研究也强调了共同的敌人带来的益处。他们的研究并没有考察冲突，而是揭示了对他人共同的负面态度会增进朋友或陌生人之间的联系。[30]进一步地，共同的负面态度对关系的促进作用大于正面态度所产生的作用。这也支持了海特认为人们最容易通过共同的敌人达成共识的观点。博森的研究要求参与者回忆自己与最亲密的同伴分享的对他人的态度，结果显示参与者回忆起共同的负面态度的次数显著高于回忆起共同的正面态度的次数，有时前者是后者的 4 倍。换言之，共同的敌人创造的联系比共同的朋友创造的联系更好。这也许是因为共同的敌人创造出了一种共同的内群体感和共同的人性。

共同的身份

共同的目标与共同的威胁通过创造共同的身份在一定程度上增强了群体间的同理心并缩短了社交距离。在很多方式下，共同的身份是削弱群体间弱人性化趋势的关键。正如研究所论证的，其原因在于共同的身份能够消除群体间的界线。

我最喜欢的关于广义身份可以创造群体间同情心的例子，来自一项针对曼彻斯特联队球迷的研究。该研究由心理学家马克·莱文（Mark Levine）主持，以小部分的曼彻斯特联队球迷为样本，检验了他们是否愿意帮助滑倒、跌倒后痛苦不堪的陌生人。[31] 莱文团队的研究人员在那些大学校园里穿梭于不同建筑物的实验参与者面前上演滑倒、跌倒的剧情，研究团队聘请了一名演员（假扮陌生人），当实验参与者经过该路段时，演员以受伤的状态出现在他们面前。重要的是，在三种不同的实验条件下，这名陌生人分别穿着不同的 T 恤衫：印着参与者最喜欢的球队（曼彻斯特联队）标志的 T 恤衫、印着参与者最不喜欢的球队（利物浦队）标志的 T 恤衫，以及没有任何标志的 T 恤衫。

在路遇受痛苦折磨的陌生人之前，所有实验参与者都写了一篇短文，作为一项独立的实验控制事项，以强调参与者身份的不同方面。一部分参与者写下了他们对自己支持的球队曼彻斯特联队的认同，另一部分参与者写下了他们对更广义的球迷的认同。由此，前者强调了参与者自身作为曼彻斯特联队球迷的身份，而后者强调了一种广义身份——足球球迷——与利物浦队球迷共享的身份。

与我们的预期一致，当研究人员秘密地观察参与者路遇受伤陌生人时，他们发现：那些事前反馈了自己曼彻斯特联队球迷身份的参与者，在遇到穿着自己最喜爱的球队 T 恤衫的受伤陌生人时，几乎每次都会停下来提供帮助；在遇到穿着其他两种 T 恤衫的受伤陌生人时，他们却几乎没有提供过帮助。

相反，那些事前反馈自己的身份是广义的足球球迷的参与者，绝大多数时候是在遇到穿着利物浦队 T 恤衫的受伤陌生人时选择提供帮助的。虽然研究的样本只包括 87 名实验参与者，但它清晰地解释了强调更广义的身份（"足球迷" vs "曼彻斯特联队球迷"）能够让表面上的外部人和自己更像，并因此激发了我们的同情心。

心理学家塞缪尔·加勒特纳（Samuel Gaertner）和约翰·多维迪奥（John Dovidio）总结了大量关于广义身份的研究，并将其总结为"共同内群体身份模型"。这个模型解释了当对立的群体重新将"我们"和"他们"归类为"我们"时，群体间冲突是如何化解的。[32] 他们和研究团队还一起开展了多项针对种族偏见的实验来阐释该模型的作用。例如，其中一项研究显示，当特拉华大学的黑人学生带着印有特拉华大学标志的随身物品——强调共同的大学身份时，其他学生更愿意回应这些黑人学生的求助。[33]

加勒特纳、多维迪奥及其团队在一所多元文化高中对近 1 400 名学生的种族态度进行了评估，对象包括黑人、中国人、拉美裔美国人、日本人、韩国人、越南人和白人（相当比例为犹太人）。[34] 学生们回答了一些问题，从自己的种族到自身的经历及对学校的看法等，部分问题提到了是否认为学生群体是"一个群体""两个群体""独立的个人"还是不同群体在"同一队伍"中运行。报告的答案为"一个群体"或"同一群体"的学生对与自己种族不同的学生的好感更多且偏见更少。

强调自身超越种族身份的想法尽管直观上具有吸引力，却缺乏可行性。这种种族和谐的方式也被称为"无国界方式"，它让部分人感到身份被抹掉了，尤其是少数族裔。这个问题是非裔美国舞者、舞蹈编导、工业工程系学生、佐治亚理工大学啦啦队前队员雷安娜·布朗（Raianna Brown）在一次交流中提出的。她因 2017 年年末在奏国歌时独自跪地而为大众知晓。布朗的抗议效仿了美国国家橄榄球联盟四分卫球手科林·卡佩尼克（Colin Kaepernick），自 2016 年起他就在奏国歌时跪地以抗议美国的种族歧视（更多信息参见下文有关卡佩尼克的内容）。因为本书的缘故，我联系了布朗，希望她从人性化和弱人性化的角度谈谈对种族歧视抗议的看法。在《青少年时尚》(Teen Vogue) 的采访中，她表示："我们不会支持这种对待有色人种的方式，不会支持对其他人的人性缺乏认知的方式。"[35] 当我询问奏国歌抗议如何唤起更多的种族团结和无国界情怀时，她回答："有时候，从政治角度来看，我们团结起来并不是要让肤色贬低其他人的经历……当人们说他们没有看肤色时，这意味着他们贬低了我作为黑人女性的经历。"在这里，布朗认为，即使是心怀善意的建立共同人性的尝试也会让人感受到弱人性化。

共性的局限

布朗的经历揭开了推动共同纽带和将每个人视为共同体中的一员存在的局限。共同的目标、共同的敌人和共同的身份本应该是减轻弱人性化的举动，因为它们强调相似性，而相似性可以解决次等心理问题。然而，这些方法并不是灵丹妙药：有时候它们无法将人们团结在一起，有时候它们还会激发进一步的群体间仇恨。

前文提到的巴勒斯坦—以色列夏令营与"和平种子"都阐释了这种方式的无效性。心理学家菲利普·哈马克（Phillip Hammack）参与了该夏令营的工作，并在学生们结束夏令营活动返回巴勒斯坦和以色列后对其进行了采访以考察这种效应。哈马克的采访结果显示，所有积极的效应都是短期的，对大部分参与者而言，参加夏令营的经历并没有改变其对巴以冲突的态度。巴勒斯坦少年阿里在参加完"和平种子"一年后告诉哈马克："我们在夏令营完成了很多事情。我们甚至解决了耶路撒冷的问题！我和以色列人成为朋友。但回到家之后，我才意识到这一切都是错的。你无法和他们交流！你无法和他们成为朋友。他们要杀了你！……我不相信和平，我认为和平就像是投降。"以色列少年罗艾则告诉哈马克："他们希望全世界都把以色列人当作坏人，但我知道他们所说的并不是真的。就像在黎巴嫩，人们说沙龙总理下令进行贝鲁特大屠杀，但那不是真的！……对于我所听到的关于巴勒斯坦人的一切，我都没有改变自己的想法，但这些听起来很有意思。"[36]此类冲突解决策略只是简单地聚焦于将不同的群体聚集在一起确立共性，而这些采访揭示了其薄弱的本质。

其他研究也证明了通过增加接触来连接不同群体的尝试存在的混合效应。[37]政治学家瑞安·埃诺斯（Ryan Enos）在针对白人对说西班牙语的移民的态度研究中，揭示了群体间接触的不利效应。在一项自然实验中,埃诺斯随机地将说西班牙语的群体(为研究需要而聘请的通勤者)聚集在波士顿地区不同的火车站。这些车站经常有白人通勤者出现,他们来自其他同种族聚居的区域。

在这次微妙的干预之后,埃诺斯对愿意参与的人员调研了数日,并发现了一个惊人的结果:那些在车站站台上偶然遇到说西班牙语的群体的参与者对移民的态度更消极。[38] 尽管我们在第3章中介绍了接触外部群体的成员如何改善人们对该群体的态度,埃诺斯的研究却进一步发出重要警示:只有当人们考虑外部群体成员的想法并与他们建立联系时,群体间的接触才能发挥有益的效用。如果与外部成员的接触引发了威胁,不论是通过激发消极的刻板印象还是稀缺资源的过度竞争,表面的接触都会加剧冲突。

其他研究也显示,即使是相互对抗的群体之间直接表达出同理心,也会产生事与愿违的结果。心理学家阿里·纳德勒(Arie Nadler)和伊多·利维亚坦(Ido Liviatan)携手开展了一项实验,让以色列犹太人参与者观看巴勒斯坦的一名重要政客发表演讲。[39] 一组参与者观看的演讲包含了政客表达同理心的内容,他说道:"巴勒斯坦人并不是唯一承受痛苦的……以色列人也经历了很多痛苦。"这样直接地表达同理心旨在为了共同的和平目标、从平等的视角代表巴勒斯坦人和以色列人。另一组参与者则观看了类似的演讲,但不包括表达有意义的同理心的内容。在观看演讲之后,两组参与者均回答了一些关于巴以关系的问题。

对比观看不包含同理心内容的演讲的参与者,观看包含高度同理心演讲的参与者表现出更强的和解意愿,但也包含了一个重要的前提条件：这种作用仅在那些（在观看演讲之前）报告高度信任巴勒斯坦的参与者中成立，例如他们表示巴勒斯坦人是和平友好并遵守《奥斯陆协议》的。而当初始的信任程度非常低时，观看演讲的作用就会完全相反，即对比观看不包含同理心内容的演讲，观看包含高度同理心内容的演讲反而会降低参与者和解的意愿。也就是说，如果两个群体之间缺乏信任，那么表达同理心比不表达的伤害更大。为什么会出现这样的情况呢？

权力的力量

纳德勒和利维亚坦认为他们设置的特殊的研究场景有一个重要特征，即巴以冲突在两个群体之间的力量是不平衡的——以色列人比巴勒斯坦人拥有更多的权力和资源，两个群体因此分别代表了力量强大的群体和力量弱小的群体。事实上，让人们团结起来意识到共同的人性的尝试通常会因忽略各方的权力而失败。通过观察近期的地缘政治冲突、查阅群体间进程的相关文献，我开始相信，权力是社会科学领域最重要的话题，也是理解群体生活及群体冲突的关键。权力解释了为什么强调共同的目标、共同的敌人和共同的身份无法让人们团结起来并意识到共同的人性。

作为权力如何影响群体间和解的一个例证，我们可以考察与广义身份相关的文献。虽然多维迪奥和加勒特纳让共同群内身份模型得到了普遍认可，但数年之后，他们和他们当时指导的研究生塔马·萨吉（Tamar Saguy）一起发现，权力的不对等让共同身份变得复杂。随后他们完善了自己的模型，并指出权力弱小的群体（通常是少数群体）和权力强大的群体（通常是大多数群体）期望从共同的身份中获得的东西是不一样的。一般而言，权力强大的群体希望双方成员都认同占主导地位的广义身份，如无肤色歧视的想法。与之相反，权力弱小的群体希望保有自身的少数身份并建立一种双重身份，以同时容纳自身少数的一面和广义身份的一面。[40]

以移民问题为例，在一个国家，少数移民需要面对占多数的现有居民。当前很多美国居民都支持美国是一个"大熔炉"的观点，即认为美国会集了来自不同种族的人，人们采用特定的美国价值观和规范来支持包罗万象的美国人身份。然而，少数种族的人并没有体验到这种"大熔炉"般的文化接纳，他们因此在美国身份和独立的少数种族身份之间徘徊。非裔美国思想家 W. E. B. 杜波依斯（W. E. B. Du Bois）在 1903 年奴役制度之后就非裔美国人的双重身份问题有一段著名的撰文："一个人始终有双重身份的感觉。"[41] 移民作家塔斯尼姆·艾哈迈德（Tasnim Ahmed）在 2014 年《哈佛深红报》（*Harvard Crimson*）的社论中写道："美国依旧不是其所声称的'大熔炉'。相反，这里是一个相互分割的储存器，白人占据了最大的分区……'同化'是一个充满亵渎意味的词语……它意味着我要被迫为适应他人而改变自己。"[42] 这些观点都强调了拥有的权力不同的群体在获得身份时如何产生差异。

荷兰心理学家简·彼得·范·奥登霍芬（Jan Pieter Van Oudenhoven）及其团队研究了移民背景下获取身份的不同方式。他们访问了摩洛哥和土耳其移民到荷兰的群体以及荷兰本土的大多数居民，调研移民如何适应荷兰社会的问题。[43] 大部分荷兰人都支持一种同化策略，在这种策略下，新移民认可荷兰的主流文化并弱化原生国家的文化。来自摩洛哥和土耳其的移民则坚持认为应当同时将荷兰的主流文化和移民的原生国家的文化融入他们的身份。换言之，这两个群体对于如何在"我们"和"他们"之中建立起新的"我们"有不同的见解。

当冲突在不同的政治派系、种族或职业群体之间加剧时，重视这些发现非常重要。评论人士呼吁这些群体寻找解决方案时，很容易预测哪些群体会支持"克服我们之间的差异"，他们呼吁统一或是要求双方寻求同理心的契合点。权力弱小的群体或少数群体几乎不会发出这样的呼吁。相反，权力强大的群体或多数群体才是呼吁统一的人。著名的《伯明翰监狱的来信》就是马丁·路德·金为回应 8 名亚拉巴马州白人牧师联名发表的题为"呼吁统一"的新闻社论而撰。[44] 牧师们批评金在争取非裔美国公民权利的斗争中的对抗策略，他们写道："我们进一步强烈敦促黑人社区的居民撤销对示威的支持，并团结当地居民和平地为更加美好的伯明翰而努力。"运用广义身份平息抗议的策略——利用伯明翰居民的广义身份来平息金所领导的抗议活动——作用甚微，还激发了人们对牧师们号召的统一的强烈反对。

让我们考察时间更近的案例，美国国家橄榄球联盟对四分卫球手科林·卡佩尼克在奏国歌期间跪地抗议行为的回应。当卡佩尼克的抗议感染其他联盟球员一起跪地时，球队老板们和联盟主席罗杰·谷戴尔（Roger Goodell）开始担忧起来。对于卡佩尼克的态度，球队老板们和谷戴尔不是坦然接受而是制止，因为他们担心抗议会降低联盟赛事的收视率和关注度。部分球队的老板发布了呼吁"统一"的声明，谷戴尔也发布了一条信息："在执行国家和文化统一使命的行动中，联盟和我们的球员的表现是最棒的。"[45] 再次，我们看到呼吁统一的发声来自权力强大的群体。对比而言，缺乏权力的群体更加适应维持独立而非统一的身份状态。在随后的冲突中，大量权力弱小的群体成员常常和本书引言中提到的阿迪奇埃的观点产生了共鸣："促进团结是诋毁者的责任，而不是被诋毁者的责任。"[46]

了解到权力的不对等是群体冲突的固有特征，就可以清楚地说明，在试图缩短社交距离、缓解弱人性化的过程中，需要对权力进行解释。多项研究都证实了权力的差异驱动着冲突，以及权力的差异如何阻碍冲突的解决。例如，在竞争性谈判中，权力强大和权力弱小的群体对会议议程等官僚化细节的看法并不一致。选择会议议程时，权力弱小的群体更倾向于率先讨论最重要的议题，权力强大的群体则喜欢以相对而言影响不大的议题开场，随后再讨论更富争议的问题。[47]

在关于会议议程顺序的研究中，努尔·克泰利及其团队发现，当协商的邀请明确表示会首先而不是最后探讨重大问题时（例如巴勒斯坦人权利的回归和将来建立一个巴勒斯坦区域的可能性），巴勒斯坦参与者更愿意接受与以色列人进行协商的邀请，以色列参与者则表现出相反的模式，即当议程显示最后讨论重大问题时，他们更愿意接受邀请，议程首先讨论重大问题则是他们最不愿意参与协商的情形。在另一项由实验参与者分别扮演大学劳动纠纷中的管理者和研究生工会成员的实验中，克泰利发现了同样的结果。当议程显示率先讨论最困难的问题时，扮演研究生工会成员的参与者更愿意参与协商，而扮演管理者的参与者更喜欢在议程最后讨论这些问题。这再次揭示了仅仅是在让人们参与协商的行动中，权力的差异也会将这个过程复杂化。

克泰利的发现存在的部分原因是，权力较小的群体存在一贯的期望改变现状的倾向，权力强大的群体则聚焦于维持现状。塔马·萨吉主持的其他研究也揭示了这一点。萨吉让两组权力和立场存在差异的以色列人进入实验室，将两个小组分别命名为阿什凯纳齐姆（Ashkenazim，权力相对强大的组）和米兹拉希姆（Mizrahim，权力相对弱小的组）。她询问了参与者的群体间关系，以及他们对与其他组别成员讨论不同话题的偏好。[48] 一部分话题与不同组别之间的共性相关，另一部分则与不同组别之间的权力不对等相关。米兹拉希姆组的报告显示了更强的想要改变当前权力不对等的意愿，并因此更倾向于讨论差异而不是共性。越来越多的文献支持这一发现并证明了大部分人都向往权力。因而，拥有权力的人希望维护权力，而缺乏权力的人希望获得更多的权力。

萨吉的研究发现也刻画了我认为应该成为权力第一准则的东西：拥有权力的人不希望谈论权力，而缺乏权力的人恰恰相反。权力相对弱小的人在权力的不同维度中看到了冲突，而权力相对强大的人却常常无法看到权力是群体间冲突的根源——无论这是他们选择性的行为还是无意的行为。人们不同的关注重点形成了截然不同的会议议程。

对权力的研究还探讨了在人们对于目标、敌人或身份的观点有所不同时，如何创造共同的目标、共同的敌人或共同的身份。人们如何在差异如此之大的议程中形成共同的人性？通常而言，历史上最令人毛骨悚然的权力不对等的弱人性化的案例包括美国奴隶制度、大屠杀等，这些事件最终止于更多的流血事件，然而，新兴的心理学研究表明我们能够以其他途径解决问题。

接受观点 vs 提出观点

关于权力强大与权力弱小的群体间的冲突解决方式，鲜有研究从实证角度探讨量体裁衣的冲突解决方案。在为数不多的现有研究中，有一项是通过掩饰提出观点和接受观点之间的差异来实现的：在向权力强大的群体描述自身的困境后，权力弱小的群体开始激励权力强大的外部群体。而权力强大的群体在倾听了对方的观点和所遭遇的困难之后，开始对权力弱小的群体表现出同情。

心理学家埃米尔·布鲁诺（Emile Bruneau）和丽贝卡·萨克斯（Rebecca Saxe）开展的这项研究对存在差异的群体间的对话展开了结构性分析，研究对象包括亚利桑那州的美国人和墨西哥移民。[49]实验通过Skype网络电话进行交流，参与者会收到指令：或是总结所在组内部的矛盾，或是利用自己的语言总结对方组的矛盾来回应这些陈述。本质上，实验参与者扮演着观点接受者或观点提供者的角色。布鲁诺和萨克斯在交流过后对实验参与者进行了调研，他们发现权力强大的组受益于接受观点，而权力弱小的组受益于让对方接受自己的观点。在表明自己的困难之后，墨西哥移民组对美国白人组表现出更积极的态度，美国白人组在接受和掌握这些信息后也表现出更加积极的态度。萨克斯和布鲁诺在参与者为巴勒斯坦人和以色列人的实验中也得到了同样的结果。

在哥伦比亚开展的相关研究通过受游击队和准军事组织与政府间暴力影响的不同群体也揭示了群体成员受益于提出观点。[50] 暴力的受害者得到一次向前参战者表达自我的机会，对于伤害过他们的群体成员，他们表现出更积极的态度。这些结果再一次证实，对权力弱小的群体来说，被倾听可以产生巨大的人性化效应。

在为撰写本书而针对群体间冲突展开研究的过程中，有一句话持续不断地出现："我们只是希望被倾听。"这些研究的发现也是对此的回应。无论是巴西年轻人反对腐败的政府官员[51]，还是马来西亚的足球球迷反对马来西亚国家足球队的管理机构[52]，或是密歇根州立大学的学生反对校园种族主义[53]，我都看到了受压制的群体使用这样的战斗口号，向拥有权力的人展示他们团结的力量。而当权力强大的人听到这样的呼喊并开始倾听之后，和解的途径便逐渐显现。

联体排屋项目发明了一种让边缘化群体发声的革命性方式。联体排屋项目是位于休斯敦第三区由猎枪式房屋组成的一个小型社区。20 世纪 90 年代早期，艺术家里克·洛（Rick Lowe）购买并重建了这片危房，将它们改造成艺术工作室和展览空间。现在，联体排屋项目邀请艺术家入驻艺术工作室，在这里创作、展示作品并参与社区活动。很多艺术家的作品都聚焦于非裔美国人身份这一主题。该平台将艺术重新定义为一种社会实践，因为联体排屋项目完全与第三区的环境融为一体，它集艺术与行动主义于一身，为单身母亲、社区儿童及其他社区成员提供服务。

联体排屋项目同时也是一个如何人性化对待人类个体的鲜活案例。用洛的话来说，这些个体是被"压缩成了刻板印象"的人。他在电子邮件中告诉我："通常，艺术家们都在被主流艺术世界边缘化的社区工作，因为人们认为他们的声音不重要。即便如此，联体排屋项目坐落在一个被重新情景化的地点，在这里人们可以用自己的方式展示自身的重要性与价值。联体排屋项目不仅推开了艺术世界被倾听的大门，也为那些与权威的人和地方有连接的艺术家提供了机会，让他们在艺术世界中得到认可。"[54] 在彻底改变人们对于艺术是什么的概念的过程中（在这个案例中，艺术是一个社区），联体排屋项目提供了一种彻底地让边缘化的群体被更大范围的群体倾听和认可的方式。洛的平台让非裔美国人艺术家和活动家被看见、被重视。他们并非通过权力强大的群体（如主流艺术群体）寻求途径，而是用自己的语言表达自我并获得更大范围的艺术世界的认可。

需要身份 vs 需要名望

表达自我（提出观点）和聆听他人（接受观点）之所以对权

力弱小和权力强大的群体的作用存在差异，部分原因在于这些过程满足的核心需求有所不同。部分研究论证了这些需求的内容是什么，及其在权力不对等的冲突中有何差异。例如，心理学家希拉里·伯斯蒂克（Hilary Bergsieker）主持的研究证明，在种族间交流的过程中，非裔、拉美裔等少数族裔期望获得尊重，并希望白人认为他们是有能力的人。[55] 而多数族裔（如白人）恰恰相反，只是最基本地希望非裔或拉美裔人能喜欢他们、把他们当作有道德的人。这些研究揭示了不同群体在社交权力上的不同如何差异化地影响他们在交流互动中期望获得的东西。

心理学家努里特·施纳贝尔（Nurit Shnabel）和阿里·纳德勒的研究成果提出了一种类似的模式。他们发现在冲突发生之后，受害者（缺乏相对权力的一方）往往关注如何恢复丢失的地位，施害者（拥有相对权力的一方）则关注如何重塑败坏的名声。[56]

施纳贝尔和纳德勒的实验让参与者在不同的场景中分别扮演受害者和施害者，例如让他们分别扮演拒绝员工在新年前夜换班的领导和自己的请求被拒绝的服务员。他们考察了施害者和受害者的需求以及双方和解的意愿。在随后暴露的冲突中，权力弱小的受害者从领导者那里寻求权力和地位，而权力强大的施害者希望重塑其在受害者心目中的道德地位。更关键的是，纳德勒和施纳贝尔发现，当施害者和受害者能够分别满足道德形象重塑和权力的需求时，即当施害者向受害者传递权力的信息或者当受害者接受施害者时，双方都表示愿意和解。满足不同的需求让人们走近彼此，从而使他们更愿意追求共同的理念。

改变信念

在建立共同人性的过程中,另一种附加因素在权力强大和权力弱小的群体中引发共鸣:激活人们可以做出改变的观念。人们固有的无法改变和墨守成规的信念隐含的意味是解决争议的努力是徒劳。如果对手是无法改变的,为什么要尝试协商呢?出于同样的原因,研究显示,相信他人可以做出改变能够让和解的过程变得更有价值。

心理学家伊兰·霍尔珀林(Eran Halperin)及其团队证明了巴以冲突中信念韧性的存在。[57]尽管这场冲突在本质上是权力不对等的,但霍尔珀林的研究发现,在参与者确定对方可以做出改变的情况下,无论是以色列人还是巴勒斯坦人都表现出更强的和平协商的意愿。在这些研究中,以色列犹太人、以色列巴勒斯坦人及约旦河西岸的巴勒斯坦人都阅读了一篇关于群体间冲突的、经过科学验证的文章。在实验条件下,文章将不同的群体描述为拥有固定的本性(坚持自己的方式)或是可变的本性(拥有改变的能力)。引人注目的是,文章并没有提到特定的群体,如以色列人或巴勒斯坦人。阅读之后,参与者回答了关于反对其他群体和协商的问题,例如,以色列犹太人回答了关于撤离定居点意愿的问题,或是协商其在耶路撒冷地位的意愿;巴勒斯坦人则回答了关于在以色列建立犹太人区但保留巴勒斯坦人自治权提议的问题。当参与者了解到对方可以做出改变时,他们更加相信文章的结论并对外部群体表现出更温和的态度。这些积极的态度使得他们更加支持和平协商的解决方案。

虽然只是为了改变人们对和平协商可能性的一些看法，但在我看来，霍尔珀林在研究中引入这种改变拥有额外的人性化效应。将人们呈现为固定的方式使他们几乎和小机器人没有差别。也就是说，在这样的方式下，人们的行为是脚本化的、程式化的、毫无生气的。正如我们在第 6 章和第 7 章所了解到的，人们认为人类应当比机器更具可变性、更能灵活应变。因而，构建具备可变性的社会群体意味着这些群体必须具备人类最基本的属性。人们相信，成为人类的关键要素不仅仅是思维的能力，还包括改变思维的能力。

重构价值观

目前我们所做的工作显示：有时候，不同的群体会因权力和地位的差异而提出截然不同的议程安排；有时候，他们的议程差异源于核心价值观的不同。关于意识形态冲突的研究阐释了如何利用不同群体间截然不同的道德价值观来处理它们的关系。由心理学家马修·范伯格（Matthew Feinberg）和罗布·威勒（Robb Willer）主持的研究考察了自由主义者和保守主义者之间的冲突。这两个群体的权力持续处于不对等的状态，但自由主义者有时候认为自己占上风，保守主义者有时候也认为自己的权力更胜一筹。[58]

范伯格和威勒考察了一种被他们命名为"道德重构"的方

法，这种方法拉近了自由主义者和保守主义者在具有争议的问题上的关系。他们的方法以乔纳森·海特的道德基础理论为依据，该理论描述了自由主义者和保守主义者在决定事物的对错时如何就不同的原则进行排序。同时，这些道德价值观也从根本上塑造了自由主义者和保守主义者相反的世界观。[59] 例如，自由主义者更加重视社会正义与平等，保守主义者则更加重视忠诚和国家荣誉。在面临移民、军事干预等政策问题的争议时，这些价值观往往会发生冲突。

范伯格和威勒也考察了这样的问题：用个人偏好的特定意识形态下的道德价值观来解决问题，能否改变此人对问题的看法呢？例如，他们在一项研究中意外发现，基于确保美国的全球主导权的价值观去解决军费开支问题，使得保守主义者所支持的军费支出数额高于自由主义者的，然而从社会正义与平等的价值观的角度提出军费开支问题的观点的结果就有所不同——自由主义者和保守主义者支持的军费相当。在另一项研究中，他们询问了自由主义者和保守主义者如何看待同性婚姻。在中立的实验条件下，实验出现了预期的差异：自由主义者比保守主义者更支持同性婚姻。但是，当研究者用忠诚和国家荣誉，即保守主义者的价值观陈述这个问题时，保守主义者表现出更高的支持度。指出"同性夫妻是骄傲和爱国的美国人"，促使保守主义者支持同性婚姻的程度几乎与自由主义者的相当。范伯格和威勒在研究中揭示，尽管保守主义者通常会贬低亲环境的政策问题，但如果以保守主义者的纯粹价值观视角提出这个观点，就会让他们更多地支持环境类的问题。⁶⁰ 这些研究都说明，用对方的价值观来重构存在冲突的问题可以缩小意识形态上的差距。这种方式也为解决权力不对等导致的冲突提供了重要的见解：你应当自由地按照自己的议程安排来解决问题，但是如果你能用对方的价值观重构问题，那么你将提升双方和解的可能性。

****

本章描述的这些方法都说明了一个问题：要尝试根除群体间弱人性化，必须首先承认不同的群体在意识形态、道德观和种族界限方面存在思维差异。讽刺的是，寻找共同人性的努力只能让我们止步于此。意识到人们独特的人性后，我们获得了更强大的团结在一起的力量。也就是说，人们多样的经历、观点、信念和意愿源于其不同的政党、部落、种族和宗教。

诗人及学者奥黛丽·洛德（Audre Lorde）写过连接不同的种族、性别、年龄和社会阶层差异的必要性。洛德在其著作中写道："我们之间在种族、年龄和性别上必然有真实的差异，但是这些差异并不会让我们彼此孤立。将我们孤立的是我们拒绝承认这些差异，用不当的眼光扭曲地看待这些差异，错误地理解这些差异对人类行为和预期产生的影响。"⁶¹ 洛德所提到的预期就是拒绝和克服差异，事实上，正如本章大量的研究所揭示的那样，我们可以通过重视这些差异来缩短人与人之间的社交距离。

第 9 章

关键距离中亲密关系的人性化

在冲突背景下，我们会通过缩短社交距离来减轻充满仇恨的敌人之间的弱人性化。做出这些努力的目标是让处于冲突中的个体理解他人的想法并感受他人的感受。在极致的情况下，感受到他人的感受是同理心的终极表现方式。然而，这种自我与他人融合的方式常常出现在体会所爱之人的经历时，它可能会导致缺乏人性化的回应。

心理学家C.丹尼尔·巴特森（C. Daniel Batson）数十年的研究发现，感受他人的痛苦常常会引发个人困扰，而这种困扰会驱使我们远离此人。[1]如果在寒冬的某一天路遇无家可归的人，发现他已经冻僵，在自己的身体允许的情况下，我们会出于好心为其提供一件外衣或遮盖物。但是，若把别人的痛苦当作自己的痛苦（在这种情况下，我们间接地感受到他们真真切切的寒冷），我们便很难再有帮助别人的能力或意愿。

此外，研究还进一步证实，相对于关系较远的人，这种感受他人感受的情况在面对亲近的人时出现的频率更高。例如，心理学家梅根·迈耶（Meghan Meyer）及其团队的研究显示，与朋友的痛苦相比，对陌生人的痛苦怀有同理心事实上能让人们更有效地应对这个过程,让他们避免将这些感受和自身的感受混淆。[2]

作家奥克塔维娅·巴特勒(Octavia Butler)的科幻小说《播种者的寓言》(Parable of the Sower)阐释了人们心理上将自身感受与他人感受混淆的情况。这部小说的主人公是一位年轻女性,名叫"劳拉",她沉溺于"过度同情"——一种导致她分担身边其他人痛苦的妄想性障碍。劳拉描述了"他的兄弟基思常常通过假装自己受到伤害来让她分担他假想出来的痛苦"。她说:"有一次,他用红色的墨水来冒充血液让我流血。那时,我才11岁,当我看到其他人流血时,我自己也会流血……基思骗我流血的事情只发生过一次,为此我把他打得半死。"[3] 尽管对大多数人来说,"感受他人的痛苦"代表着同理心的最终表达,巴特勒却非常清晰地理解并描绘了这种经历的不愉快之处。

神经科学家劳拉-缪勒-彭泽勒(Laura Müller-Pinzler)的研究也探索了世俗"痛苦"背景下人们的自我与关系亲密的他人相混淆的现象。在她所开展的研究中,64名德国实验参与者在实验中经历了朋友或陌生人在场的极为尴尬的场景,研究人员通过神经影像观察他们的表现,这些场景包括在百货商店的收银台发现自己没带够钱等。[4] 研究人员也观察了实验参与者在中性场景中的表现,如到图书馆归还图书。缪勒-彭泽勒发现,对比尴尬的场景和中性场景中的观察结果,参与者心理作用反射区透露出他们在考虑每位主人公的想法。然而,在尴尬的场景中,参与者大脑中的情感压力反射区在面对朋友时比面对陌生人时更活跃。这些数据显示,参与者能够"感受"朋友的尴尬,但"感受"不到陌生人的尴尬。换言之，在把朋友作为本我延伸的过程中，我们间接地经历了朋友的社交痛苦。

心理学家康斯坦丁·塞迪基德斯（Constantine Sedikides）的研究进一步将这种现象拓展到承担朋友和家人的失败上。他的研究显示，当与自己关系密切的人在共同的双人任务中表现不佳时，人们会自己承担团队失利的责任，但是当与陌生人共同完成任务时，人们不会独自承担共同的责任。[5]

其他关于亲密关系心理融合的研究还发现了另一个问题：人们常常对自己亲密伙伴的想法做出错误的评估，然而评估陌生人的想法却不会出现这样的情况。之所以会这样，是因为人们以自我为中心，混淆了自己的想法和亲密伙伴的想法。[6] 心理学家肯尼思·萨维茨基（Kenneth Savitsky）的研究探索了这种想象。该研究首先让实验参与者用比较模糊的措辞与陌生人或是配偶沟通，如"你最近在忙什么呢"（这句话既可以表示怀疑，也可以是简单地对他人的近况表示关心）。随后实验参与者报告表达这句话的清晰程度，参与者认为自己询问配偶时比询问陌生人时表达得更清晰。但是，当实验参与者被提示要注意解释相关信息后，提问者表达的清晰程度在配偶和陌生人之间就没有差异了。换言之，在这种情况下，人们更能理解陌生人的想法，能考虑到不熟悉的被询问者可能存在理解上的模糊性。而对于关系亲密的人，参与者们会用自己的想法来理解所传达的信息，并以自我为中心假设自己的配偶也是这样理解信息的含义的。

这些研究揭示了人们事实上会认为亲密的朋友和恋人有自

己的想法,但常常认为其想法是简单质朴的。通常,人们认为亲密伙伴的想法就是自身想法的复制品。这种概念在地下丝绒乐队的歌曲中得以具象化,"我就是你的镜子"是该乐队主唱劳·里德(Lou Reed)对大学时代的女友雪莱·阿尔宾(Shelley Albin)的描绘。在里德的传记《变压器》(*Transformer*)中,作家维克托·博克里斯(Victor Bockris)写道:"每当劳写下一首诗或一个故事,雪莱都发现自己的绘画或涂绘作品恰恰描述的就是它。"在青少年时期,雪莱曾因持续三年拒绝和父亲说话被送到精神科接受治疗(里德与他父亲的关系同样令人担忧)。两年后,里德为雪莱写下了"我就是你的镜子",而雪莱也是里德的镜子。里德曾经发起了一个兄弟会,让他开心的是,雪莱也发起了一个姐妹会。[7] 换言之,阿尔宾在里德身上看到了自己。

在我看来,这种类型的心理融合并没有把他人作为一个独立的人,相反,只是简单地将他人作为想象中的自我映射。以上研究显示,二者之间如果真的有什么区别的话,就是人们更擅长考虑陌生人的人性而不是亲密伙伴的人性。也就是说,他们认为关系不那么亲密的人有独立的想法,有别于自己的想法。

关于这一点,我希望从三个方面做出解释。第一,尽管我提出人们更擅长考虑陌生人的人性,但这仅仅适用于普通的陌生人。如果陌生人被认为是明显的外部群体成员,人们就会像我们在前文中所讲的那样,转而以完全弱人性化的方式对待他们。

第二,我也提出过,人们会倾向于将关系亲密的人视为自己的映射或延伸,因此忽视了他人具有完全独立的心理状态。然而，在给定人们的熟悉程度、与亲密伙伴的经验深度，给定其思维、感受和想法后，人们能够以更人性化的方式对待亲密的伙伴而不是陌生人。显而易见的是，前一种心理融合的处理过程只会在面对陌生人时出现，而它也代表了某种形式的弱人性化。这种弱人性化会产生一些不利的后果，我们随后会探讨这一问题。

第三，对亲密伙伴的弱人性化事实上并没有那么严重，例如对比引发种族灭绝的弱人性化。事实上，部分研究显示，对他人独立心理状态的忽视甚至可能有利于亲密关系。以心理学家桑德拉·默里（Sandra Murray）的研究为例，她对正在交往和已婚的人士展开了标准化的问卷调查，请他们描述自己和伴侣的价值观、日常感受和特征。[8] 研究人员也测度了实验参与者所报告的关系满意度、争吵的频率，以及自身感受到的对方理解自己的程度。

实验发现了一些有趣的结论。第一个发现相当令人意外：已婚夫妇是以自我为中心的。实验参与者的报告结果显示，伴侣的性格与其自身的性格高度相似，其所报告的相似之处甚至比现实中存在的还要多。例如，如果一名参与者认为自己的性格是有耐心的、外向的、受使命感和成就感驱动并通常是快乐的，那么他就倾向于认为自己的伴侣也是这样的性格。然而，这一发现令人意外之处在于，这种错误的自我中心主义却能够为这段关系带来更高的满意度，原因是人们因此感受到自己被他人理解。换言之，如果我相信我和我妻子有共同的价值观，那么我更有可能感受到她真的"懂我"，我们的关系也因此得以增进（即使我的相信是一种幻觉）。

虽然在默里的研究中，"知心伴侣"带来了积极的效应，却几乎没有人会真正仅仅因为感觉自己像伴侣的一面镜子而开心。越来越多的证据显示，人们希望从亲密关系中收获更多的东西——至少在美国是这样。而且，人们希望伴侣帮助自己表达出他们真正的自我，而这种自我表达从根本上是与被作为复制品的对方相矛盾的。

将自我认可作为一种建立关系的目标已经逐渐成为主流的驱动力，我的同事、心理学家伊莱·芬克尔（Eli Finkel）在其著作《非成即败的婚姻》（*The All-or-Nothing Marriage*）中总结了相关的证据。过去，人们结婚的主要目的是满足基本需求，如食物、住所、安全或是纯真的爱情，但在芬克尔的论述中，现在，人们结婚的目的是通过伴侣寻找自我实现。芬克尔写道："这里，我们主要强调的是通过婚姻追求自我发现和个人成长……例如，配偶提供有效支持的能力需要以个人独一无二的需求和处境来提供精准的个性化行动为导向。"[9]"独一无二"是这里的关键词，就像它独一无二地来源于某个人的配偶。如果匹配能够成就一段美好的关系，那么我们能够满足于这些时刻——我们自己决定了和伴侣共同的兴趣集、价值观和活动。然而，最好的关系是能够容纳双方的个人成长和发展的关系。

关于成长这个话题，我曾经被一条发布在网络交友信息板上的评论震撼，上面写着："过去，我的确对和我拥有同样的想法和兴趣爱好的女孩感兴趣，但是还没有到正式约会的阶段，我就得出这样的结论：无聊死了。我们之间没有争论，没有摩擦，没有成长……当你需要确认自己的观点时,回音室是个不错的地方,但它不会让你的世界变大,哪怕是变大一丁点儿。在我还没有被逼疯之前,就只剩下这些我自己就可以和自己进行的对话。"[10] 尽管这种观点非常极端,但它说明了把伴侣简单地作为自己的镜子使个人成长受限。著名的婚姻专家和心理治疗师约翰·戈特曼(John Gottman)以更严肃的方式对此进行了描述:"多样性让关系变得有趣。我们寻找的并不是自己的复制品。"[11]

心理学家亚伯拉罕·泰瑟(Abraham Tesser)对此展开的进一步研究也显示,当对方在对个人而言非常重要的领域(例如我们自认为是某项运动或某个课程的专家)比自己表现更佳时,感受到与朋友或恋人相似甚至会威胁自尊。然而,当陌生人在这些领域表现得更好时,却不会出现此类威胁。泰瑟数十年的研究揭示了这种威胁来源于我们在与关系亲密的人相处的经历中所感知的融合身份。[12] 这种合而为一的感知就是刺激我们对自我表现做出消极比较的东西,它导致我们情绪低落。与之形成对照的是,人们不会如此在意陌生人在这些领域的表现,因而不会涉及身份或是对其形成威胁。换言之,当我们在意某项任务时,我们会将关系亲密者在此任务上的表现内在化,进而不会因他们的出色感到开心。泰瑟的研究还发现,最幸福的夫妇是那些通过在专长互补而非重叠的领域分散能力和决策来避免威胁的人。[13] 也就是说,如果伴侣互相关注对方独特的专长,他们的关系将良性发展。

心理学家雅克·沃劳(Jacquie Vorauer)和塔马拉·苏卡瑞拉(Tamara Sucharyna)阐释了无法区分自己和伴侣想法的不利后

果。[14] 他们的研究询问实验参与者愿意用两个相互交叉的圆圈还是两个没有交集的圆圈来描述自己与伴侣的关系，以测度实验参与者自我感受的对朋友或恋人的亲密程度。他们还鼓励实验参与者用以下方式考虑该问题：在一部分条件下，他们让参与者采用换位思考的方式；在另一部分条件下，让参与者"采取中立的立场，以尽量客观的态度"去思考，不用换位思考。沃劳和苏卡瑞拉随后衡量了不同类型关系的结果，包括参与者对关系的满意度，以及他们所认为的伴侣对其特点、价值观和偏好的了解程度。

沃劳和苏卡瑞拉发现，当人们用交叉的圆圈来描述关系并采取换位思考的方式时，他们所设想的关系透明度更高。也就是说，他们相信自己的伴侣真的了解他们的特点、价值观和偏好，从而使他们严重高估了伴侣真正对其了解的程度。保持独立而非换位思考的立场则降低了这种偏误和不准确性。在最终的一项研究中，研究人员发现，在激烈讨论中采取与伴侣换位思考的方式，会导致人们高估其自身对伴侣的消极感受的透明度，使得参与者所报告的关系满意度更低。总而言之，他们的研究说明，与保持独立相比，尝试与伴侣换位思考会使人们高估伴侣"懂他们"的能力，从而导致更大的关系冲突。这一发现与其他研究的发现一致：婚姻关系的双方解决婚姻问题的最佳途径就是在冲突中保持独立的立场，以婚姻关系之外的第三方的身份明确冲突是什么。[15]

现在，我们有必要重新定位和思考以下问题：如果考虑他人的想法是人性化的核心，那么为什么和保持独立相比，考虑关系亲密者的想法反而适得其反呢？答案在于，当我们试着考虑关系亲密者的想法时，我们会产生自我与他人的重叠感，这种感觉让我们的行为变得以自我为中心。相反，当我们把关系亲密者作为独立的人来考虑时，我们会把他人的想法视为其不可分割的一部分，从而关注他人自身的偏好、价值观和特点。通过保持独立，人们能够更好地将自身的想法和伴侣的想法区分开。

在此话题的其他文献中，沃劳和心理学家马修·奎内尔（Matthew Quesnel）的研究显示，亲密关系中的换位思考尤其会伤害自尊心弱的人。[16] 在这项研究中，参与者完成了针对自尊心的测度。与沃劳和苏卡瑞拉的研究一样，他们让参与者或是采用换位思考的方式，或是不考虑对方的心理状态。换位思考的自尊心较弱的参与者报告其感受到的来自伴侣的爱更少，关系满意度更低。讽刺的是，尝试让自尊心弱的人换位思考，会让其更多地沉浸在自己是评估对象的想法中。考虑伴侣感受的自尊心较弱的人把别人对自己和自己对别人的感受混淆在了一起。也就是说，对他人感受消极的参与者认为别人对自己的感受也是相似的。当自尊心较弱的人拒绝换位思考时，他们对爱和关系质量的感受则没有受到伤害。这些发现再次证明，我们在无法区分他人和自己想法的情况下，考虑关系亲密者的感受就会产生不利的后果。

虽然弥合群体间鸿沟的关键在于缩短"我们"和"他们"之间的社交距离，但最优化和重新使亲密关系人性化需要反其道而行之。将关系亲密的朋友或恋人作为完整的人来对待需要拉开必要的距离，需要人们保持独立，也将对方作为独立的个体来对待。

通过区分对方的想法和自己的想法，我们可以完整地看到朋友和伴侣的人性，同时通过把握共同的现实、面对共同的原则和体验自身内在独立的行动来保持亲密关系。

在不混淆自己与他人的情况下，找到正确的方法维持亲密关系中微妙的平衡，可以帮助我们避免不利的后果。这些不利的后果包括回应关系亲密者的痛苦或尴尬时的苦恼，理解关系亲密者的想法（或者对你的看法）时以自我为中心的错误，以及关系亲密者在你的领域内超越你所引发的威胁感。这些效应往往会降低关系本身的质量，而让对方的内心世界与其本身独立开来则有助于构筑更长久的友谊和婚姻关系。

事实上，这种独立对于一些帮助家庭成员远离物质滥用的康复项目十分关键——匿名戒酒会（Alcoholics Anonymous，AA）也将其称为"为爱分离"。美国最大的酒精和毒品治疗中心海瑟顿·贝蒂·福特基金会曾发表一篇文章，将这种分离形式与过度保护进行了对比。过度保护包括允许"你的丈夫酩酊大醉无法上班，并为他请病假"之类的行为。[17] 换言之，过度保护就是将他人的沉迷视为自己的沉迷。

另外，为爱分离有效地将人们自身的人性和伴侣的人性区分开来。海瑟顿·贝蒂·福特基金会的建议包括询问一些问题："除了酗酒和吸毒，你还有别的什么需求？如果你所爱的人选择不寻求他人的帮助，你如何照顾好自己？"同时，他们也警告要避免过度地了解他人的感受。在所爱之人需要帮助时拒绝了解其感受或许看起来违背直觉，但它真正的意义在于将自己的感受与所爱之人的感受区分开。匿名戒酒会和海瑟顿·贝蒂·福特基金会的方法也为这种策略提供了一个重要的益处：让吸毒者有能力掌握自己的决策，同时保护关心他人的人的心理健康。这种方式是人性化的，因为它非常关键地认可了吸毒者在授权他人或机构时的想法，认可其做出考虑周全的决策的能力。

为爱分离对治疗病人或是沉迷者的人来说也非常必要。拉里莎·麦克法夸尔（Larissa MacFarquhar）的著作《陌生人溺水》（*Strangers Drowning*）就详细描绘了"极端行善者"的生活，她基于专业咨询者的背景描述了这种分离。她提到："最开始，社会工作者会在病人面前表现得过于情绪化，以至于当病人失败时，他们自己也痛苦，原因既在于他们不开心，也在于病人的失败也是他们的失败。他们艰难地过着面对毁灭性问题的日子，自己却无法修复这些问题——这种悲伤和无助让他们黯然神伤……渐渐地，他们学会了变得更加独立。"[18] 如果社会工作者与病人之间没有这样清晰的界线，他们会和关心家人的家庭成员一样，承担他们给予了如此多关心的人所带来的痛苦。

心理学家保罗·布卢姆也从实证研究的角度支持这种分离形式，认为应将关系亲密者视为独立的人，他们有自身独立的需求和感受。在其著作《摆脱共情》（*Against Empathy*）中，他特别批判情感同理心，即人们站位于他人的情感。布卢姆提出这种趋势的解决方案是理性热情，他指出理性热情不需要人们像镜子般映射他人的感受，相反，人们只需要"单纯地关心他人，希望他们发展得更好"[19]。虽然布卢姆给出了一般性的定义，但他的研究从实证上区分了镜像现象与更具一般性的关心他人福利的行为。

马修·R. 乔丹（Matthew R. Jordan）、多尔萨·阿米尔（Dorsa Amir）和布卢姆共同检验了其提出的方案，他们针对人们更偏好感应式关怀还是疏离式关怀展开了调研。[20] 评估感应式关怀的问题包括询问人们以下哪种场景更符合他们的行为特征："如果我看到有人呕吐，我也会作呕"或者"如果我看到有人非常兴奋，我也会感到兴奋"。评估疏离式关怀的问题包括询问以下类似的场景："当我看到有人被利用时，我会想帮助他们"或者"有时候我会想象朋友眼中的世界是什么样的，以尝试更好地理解我的朋友"。关键是，在评估感应式关怀的场景时，观察者和目标面临共同的情感（如厌恶或兴奋），评估疏离式关怀的场景却反映出二者不同的情感（例如，目标感觉到"被利用"，而观察者"感觉想保护他人"）。他们的研究发现，参与疏离式关怀研究的人对他人的慷慨程度高于参与感应式关怀的人。尽管布卢姆的研究本质上没有聚焦于亲密关系，但他的研究指出了一种可能性：如果能够将他人的情感作为独立的存在，而不是直接去感受这种情感，我们往往能够表现得更好。

以上关于自我与他人心理融合消极效应的研究具有相似的潜在含义。它揭示了相比朋友的心理状态，人们有时候能够更有效地把握陌生人的心理状态——人们不会把陌生人的心理状态和自己的心理状态混淆。它也告诉我们，客观地看待伴侣可以减轻换位思考带来的不利后果。寻找到自己与关系亲密者之间的关键距离，是尊重他们想法的唯一途径，即他们的想法是有力且复杂的，而不是令人失望的自身想法的复制品。

****

好朋友和伴侣感觉像是我们自身的延伸，但是对伴侣和自身而言，最好的关系是我们相互能够认可对方的独立人性。我发现这可能听起来有些令人费解，我们说事物的思维状态是一种关系，关系的双方都要考虑对方的因素，同时又不能让自己的思维投射到对方身上。尽管如此，我们仍应回到亲密关系的探讨上以更好地解释这个观点。

我想要回到亲密关系问题的杰出学者阿特·阿伦（Art Aron）的研究上，他建立了一种重要模型来解决心理学最为棘手的问题——爱。该模型提出，将他人纳入自我意识是体验爱迈出的第一步。也就是说，自我与他人的重叠是建立亲密关系的关键。然而，在阿伦的模型中，只有这种纳入创造了自我延伸的感觉，才有助于完成爱的体验。通过将他人纳入自我意识，你最终会实现成长。在这一阶段，你必须将你的伴侣作为不同于自己的存在，通过伴侣得到自我延伸，让我们接触到新奇而令人兴奋的活动。换句话说，与我们建立亲密关系的人让我们体验到自我意识之外的世界。[21]正如你所见，即便是人性化地对待我们亲密的朋友和家人也需要做出努力，要完成更普遍意义上的人性化的任务的艰巨性可见一斑。在后记中，我将再次强调重视人性的重要性，并考察应对这项艰巨任务的三个核心要素。

后记

时间、联系和重要性

亚里士多德非常著名的一个比喻是人是"社会动物"。然而，这种描述错误地把人类刻画为具有与生俱来的社会性，而不是后天获得的社会性——人类意识到需要付出努力与他人建立联系的需求。正如全书所强调的，进一步的研究证实了人类人性化的能力（考虑他人想法的能力）是有限的，因为我们都只拥有有限的认知资源。作为人类，我们需要花时间以有效的方式吸收和部署这些资源。

人性化的过程需要时间，由此提出了一个问题，因为我们大部分人都逐渐体会到组织行为学者莱斯利·珀洛（Leslie Perlow）提出的"时间荒"。[1]事实上，我所提出的每个重新唤醒人性化的解决方案都需要时间，包括人性化过程本身（例如考虑他人的想法）。要重新唤醒工作场所的人性化，人们必须掌握新的、具有认知需求的技能，如社交技能和应变能力（请记住利用专门规划的时间来平衡疏离工作的技能开发建议）；要重新唤醒与科技互动的人性化，我们必须学习如何与机器合作并有效地区分劳动；要重新唤醒与敌人和竞争对手的关系的人性化，我们不仅要通过共同的目标、共同的敌人或共同的身份来寻找共同的背景，还要围绕权力的不对等建立共同的基础；要重新唤醒与亲密的朋友和恋人关系的人性化，需要完成以下大部分工作：让我们自身的人性在他人身上释放出来，消除我们自身与他人感受的重叠感。

既然这些策略需要我们付出更多的努力，就意味着我们需要一次剧烈的社会层面的心态转变。在此转变中，上述所有行动都值得我们付出时间。你或许会想，自动化的时代使寻找时间和选择时间都比以前更容易。除了预期科技会接管人类的工作，科技快速追踪任务的能力也能为我们创造时间剩余而非时间匮乏。这些任务包括帮助我们购买剧院门票、执行银行交易等。但是，正如我在第 6 章中提到的，由于人类的忙碌倾向，自由时间的体验反而让我们觉得不适，我们会回归到那些社会所认可的具有实质性意义的活动中，比如工作。

在考虑追求时间的重要性时，最关键的是我们不害怕时间会剥夺我们的目标或价值。如果时间花在让他人人性化的服务上，那么时间或许能创造出人类心理福利和身体健康的巨大资源——社会联系。

通过全书的论述，我描述了人类创造价值和道德观的力量，并鼓舞和激励这种力量，但是，我把最大的力量留在了本书的最后。通过形成社会关系，人类的力量逐渐降低了死亡率。不同来源的证据证明人类社会的关系具有延长寿命的力量，其中最清晰的数据来自心理学家朱利安·霍尔特-伦斯塔德（Julianne Holt-Lunstad）及其团队在 2010 年开展的元分析。[2] 该元分析考察了 148 项研究，涉及 148 000 位参与者，评估了社会关系与身体健康之间的关系。研究发现，自主报告的社会关系较强的参与者比自主报告的社会关系较弱的参与者的生存概率高 50%。在这一元分析中，社会关系对死亡率的影响比戒烟、戒酒、接种流感疫苗或参加体育锻炼的影响更大。霍尔特-伦斯塔德及其团队在 2015 年的一项关于社会孤立和死亡率的后续元分析研究中也确认了这些结果。[3]

霍尔特-伦斯塔德的研究回应了 1988 年类似的一项关于模式转换的研究，该研究指出社会孤立所形成的健康风险与抽烟、肥胖或高血压的风险并列。[4] 我的导师约翰·卡乔波和威廉·帕特里克（William Patrick）的著作《孤独是可耻的》（*Loneliness*）也支持了孤独的感受会产生不利于健康的影响。[5] 另外，社会联系会抵消这些不利影响。

那么，人类社会关系影响身体健康的机制是什么呢？研究显示，这种影响有多重机制，但广受认可的解释是社会关系影响人们的心理健康，进而作用于身体健康。社会关系是幸福感的主要影响因素之一。[6] 根据卡乔波和帕特里克的研究，社会关系还可以减轻压力，而压力正是刺激损伤人类免疫系统的皮质醇分泌的最主要因素。我们还可以进一步探索这个问题，但首先我们需要提这样一个问题：为什么社会关系会增加幸福感并减轻压力？

基于数年来对这一话题的思考，我能想到的最佳答案是社会关系让我们感受到自己的重要性，而这种重要性是我们感受到自己生而为人的核心。当我们投入时间理解和认可自己的感受、恐惧、欲望和观点时，我们会产生目标感，感受到自己被看见——而不再是被忽视的。事实上，研究显示，从恐怖主义到吸毒成瘾，社会孤立之所以会导致极端行为，原因在于人们在寻找其他资源以寻求幸福感、目标，以及与比自己更强大的某种东西建立联系。[7]研究还发现，当人们经历排斥和驱逐时，他们感觉自己并没有完全被当作人类。[8]

马丁·路德·金所描绘的朝着更以人为导向的社会前进的公式就是我们需要找到时间，它能让我们建立社会联系并感受到自己是重要的。而令我担忧的是，时间、联系和重要性都缺乏供给，但本书就是在尝试提供可能的方式，让我们补充这些资源，以重新唤醒人性化。

至少，我希望明确三件事情：我们以完整的人性去看待他人的趋势正在下降、重视人类从心理角度而言至关重要，以及让我们所在的世界重新唤醒人性化是可能的。在此，我也想要澄清，重新唤醒人性化异常艰难，而我也只是希望我们能够付出努力逆转弱人性化的过程。

这个结论和多少有些令人不满的提醒唤起了我自己一段早年的记忆，那时的我才4岁，正在上幼儿园。在一些自由玩耍的时间段，我们20个孩子中大部分并不守规矩，而我们年轻的老师塞西尔小姐，尝试着让我们恢复秩序，她大喊："孩子们，停止你们的行为，你们现在就像一群动物。"内心某些不明来源的自信让我大喊着回应道："好吧，人类就是动物。"

我的同学全都安静了，为我刚刚回应老师的话而感到震惊。塞西尔小姐穿过安静的教室，非常确切地问我："你是一只动物吗？"尽管还想基于科学背景继续争论下去，但由于害怕她单独把我拎出来，我温顺地回答"不是"。随着我们在教室前面围成一个半圆开始讲故事，课堂活动得以恢复。但我的回答在那一天始终困扰着我，因为对于塞西尔小姐的问题，"正确"的答案似乎在"是"和"不是"之间。

我希望自己表达的是，这次经历引导我走向了对学术研究的追求，想要探索成为人类的意义何在。但真相是，这次经历引导我形成了一种更世俗的观点：重视人类是一个灵活的过程。这意味着如何选择取决于我们自己。我们可以创造时间以积累必要的心理能量来以完整的人性看待他人，或是让现在碎片化的时间把人类支离破碎地分隔开，只在作为共同的动物物种时才团结在一起。

致谢

我想感谢为本书从萌芽到成品过程中付出过的所有人。首先，我要感谢我的经纪人马克斯·布罗克曼，是他帮助我凝练分散的思绪并最终将其变成了一个有意义的故事。我要感谢我的编辑琼·多，是她的智慧和引导使我明确了撰写本书的意义。我想感谢我的导师约翰·卡乔波和尼克·埃普利，他们帮助我明确有力地表达观点，奠定了承载本书全部内容的根基。

我想感谢伊丽莎·迈里，她的编辑和研究技能为本书增添了活力，感谢克洛伊·基韦尔、阿兰娜·拉扎罗维奇和汤姆·梅耶尔一直以来的帮助，感谢凯洛格商学院和罗素·塞奇基金会对本书的支持。

我想感谢每一位在完成本书的过程中向我提供反馈和在项目的规划阶段为我提供见解的人：亚当·格兰特、卡罗尔·德韦克、罗伯特·西奥迪尼、布拉德·基韦尔、贾米尔·扎基、乔纳·伯杰、库尔特·格雷、迈克尔·诺顿、艾莉森·伍德·布鲁克斯、艾米丽·维特、努尔·克泰利、伊莱·芬克尔、亚当·加林斯基、罗布·威勒及黄凯伦（音译）。我也想向愿意与我分享他们对这一话题的独特见解的人致以深深的谢意：雷安娜·布朗、西奥多·布鲁克鲍尔、格伦·格林伍德、熊伟、塞思·莱布森、里克·洛、约翰·拉布里、伍迪·马歇尔、莎米拉·马利根、蒲艾真、约书亚·萨弗迪、尼尔·史蒂文森、马特·贝瑟、坦迪·特罗尔、亨利·王及内森·叶。

我还要感谢我的核心学术团队和朋友这些年来为我的学术发展提供的帮助：贾米尔、库尔特、利安纳·扬、戴安娜·塔米尔和哈尔·赫什菲尔德。我还想感谢我所有的合作者、同事和学生，他们持续地为我提供意见，帮助我不断在研究和思考中成长。

最后，我要感谢我的父母，感谢乔什·韦兹、雷切尔·达兹、戴维·韦兹、安妮·雅各布森、阿莎和克里希纳·穆西的鼓励与支持。感谢梅加、阿玛蒂亚和图尔西对我的爱。

注释

引言

1. Colby Itkowitz, "What Is This Election Missing? Empathy for Trump Voters," *Washington Post*, November 2, 2016, https://www.washingtonpost.com/news/ins pired-life/wp/2016/11/02/what-is-this-election-missing-empathy-for-trump-voters.
2. Michael Lerner, "What Happened on Election Day," *New York Times*, http://www.nytimes.com/interactive/projects/cp/opinion/election-night-2016/stop-shaming-trump-supporters.
3. Chimamanda Ngozi Adichie, "Now Is the Time to Talk about What We Are Actually Talking About," *The New Yorker*, December 2, 2016, http://www.newyorker.com/culture/cuhural-comment/now-is-the-time-to-talk-about-what-we-are-actually-talking-about.
4. George E. Newman and Paul Bloom, "Physical Contact Influences How Much People Pay at Celebrity Auctions," *Proceedings of the National Academy of Sciences* 111, no. 10 (2014): 3705-8, doi:10.1073/pnas.1313637111.
5. Jennifer j. Argo, Darren W. Dahl, and Andrea C. Morales, "Positive Consumer Contagion: Responses to Attractive Others in a Retail Context," *Journal of Marketing Research* 45, no. 6 (2008): 690-701, http://journals.ama.org/doi/abs/10.1509/jmkr.45.6.690.
6. Thomas Kramer and Lauren G. Block, "Like Mike: Ability Contagion through Touched Objects Increases Confidence and Improves Performance," *Organizational Behavior and Human Decision Processes* 124, no. 2(2014): 215-28, doi:10.1016/j.obhdp.2014.03.009.
7. Julian Huxley, *New Bottles for New Wine: Essays* (London: Readers Union, 1959); Carl Sagan, *Cosmos* (New York: Random House, 1981).
8. B. Martín-López, C. Montes, and J. Benayas, "The Non-economic Motives behind the Willingness to Pay for Biodiversity Conservation," *Biological Conservation* 139, no. 1-2 (2007): 67-82, doi:10.1016/j.biocon.2007.06.005.
9. Adrian Franklin, *Animals and Modern Cultures: A Sociology of Human-Animal Relations in Modernity* (London: Sage, 1999).
10. Laurel D. Riek et al., "How Anthropomorphism Affects Empathy toward Robots," *Proceedings of the 4th ACM/IEEE International Conference on Human Robot Interaction—HBI 09* (2009): 245-46, doi:10.1145/1514095.1514158.

11. Rozina Sini, "Does Saudi Robot Citizen Have More Rights Than Women?" BBC News, October 26, 2017, http://www.bbc.com/news/blogs-trending-41761856.
12. Edward-Isaac Dovere, "How Clinton Lost Michigan—and Blew the Election," *Politico*, December 14, 2016, http://www.politico.com/story/2016/12/michigan-hillary-clinton-trump-232547.
13. Jonah Berger, *Invisible Influence: The Hidden Forces That Shape Behavior* (New York: Simon & Schuster Paperbacks, 2017).
14. "Protective Mother Wrestles Lost Polar Bear," *The Globe and Mail*, April 23, 2018, http://www.theglobeandmail.com/news/national/protective-mother-wrestles-lost-polar-bear/article703773/.
15. Ye Li and Margaret S. Lee, "Comparing the Strengths of Self-Interest and Prosocial Motivations," *YeLi.Us*, July 1, 2011, http://yeli.us/papers/LiLee2011ProsocialMotivation.pdf.
16. Studs Terkel, *Working: People Talk about What They Do All Day and How They Feel about What They Do* (New York: New Press, 1974), xxxiii.
17. Adam Waytz and Michael I. Norton, "Botsourcing and Outsourcing: Robot, British, Chinese, and German Workers Are for Thinking—Not Feeling—Jobs," *Emotion* 14, no. 2 (April 2014): 434-44, doi:10.1037/a0036054.
18. "The Worldwide Employee Engagement Crisis," Gallup.com, January 7, 2016, http://www.gallup.com/businessjournal/188033/worldwide-employee-engagement-crisis.aspx; "Job Satisfaction: 2014 Edition," The Conference Board, https://www.conference-board.org/publications/publicationdetail.cfm?publicationid=2785¢erId=4.
19. Rebecca Rifkin, "In U.S., 55% of Workers Get Sense of Identity from Their Job," Gallup.com, August 22, 2014, http://www.gallup.com/poll/175400/workers-sense-identity-job.aspx.
20. "Future of Technology May Be Determined by Millennial Malaise, Female Fans and Affluent Data Altruists," Intel Newsroom, October 17, 2013, https://newsroom.intel.com/news-releases/future-of-technology-may-be-determined-by-millennial-malaise-female-fans-and-affluent-data-altruists/.
21. Karl Marx, *Capital: A Critique of Political Economy* (London: Penguin Books in Association with New Left Review, 1976).
22. Murtaza Hussain, "Former Drone Operators Say They Were 'Horrified' by Cruelty of Assassination Program," *The Intercept*, November 19, 2015, https://theintercept.com/2015/11/19/former-drone-operators-say-they-were-horrified-by-cruelty-of-assassination-program/.
23. Steven Pinker, *The Better Angels of Our Nature: Why Violence Has Declined* (New York: Viking, 2011), 389.
24. Steven Pinker, "Frequently Asked Questions about *The Better Angels of Our Nature: Why Violence Has Declined*," (n.d.) http://stevenpinker.com/pages/frequently-asked-questions-about-better-angels-our-nature-why-violence-has-declined.
25. "Harmony Korine," interview, *WTF with Marc Maron* (audio blog), August 3, 2015, http://www.wtfpod.com/podcast/episodes/episode_625_-_harmony_korine.
26. Personal communication, March 30, 2018.
27. Greg Milner, "Death by GPS," *Ars Technica*, May 03, 2016, https://arstechnica.com/cars/2016/05/death-by-gps/.
28. Adam Waytz et al., "Making Sense by Making Sentient: Effectance Motivation Increases Anthropomorphism," *Journal of Personality and Social Psychology* 99, no. 3 (2010): 410-35, doi:10.1037/a0020240.
29. Fyodor Dostoyevsky, *The Idiot*, trans. Henry Carlisle and Olga Carlisle (New York: Signet Classic, 1969), 577.

第 1 章

1. David A. Fahrenthold and Jose A. DelReal, "'Rabid' Dogs and Closing Mosques: Anti-Islam Rhetoric Grows in GOR," *Washington Post*, November 19, 2015, https://www.washingtonpost.com/politics/rabid-dogs-and-muslim-id-cards-anti-islam-rhetoric-grows-in-gop/2015/11/19/1cdf9f04-8ee5 11c5-baf4-bdf37355da0c_story, html.
2. "PM Blames Calais Crisis on 'Swarm' of Migrants," ITV News, July 30, 2015, http://www.itv.com/news/update/2015-07-30/pm-a-swarm-of-migrants-want-to-come-to-britain/.
3. Randall Bytwerk, "The Poisonous Mushroom," *German Propaganda Archive*, (n.d.) http://research.calvin.edu/german-propaganda-archive/story2.htm.
4. Jim Malewitz, "Miller Facebook Post Compares Refugees to Rattlesnakes," *Texas Tribune*, November 19, 2015, https://www.texastribune.org/2015/11/19/miller-facebook-post-compares-refugees-rattlesnake/.
5. Aleksandar Hemon, "The Deadly Treatment of Refugees in Europe," *Rolling Stone*, February 9, 2016, http://www.rollingstone.com/politics/news/the-deadly-treatment-of-refugees-in-europe-20160209.
6. Nour Kteily et al., "The Ascent of Man: Theoretical and Empirical Evidence for Blatant Dehumanization," *Journal of Personality and Social Psychology* 109, no. 5 (2015), doi:10.1037/pspp0000048.
7. Nour Kteily and Emile Bruneau, "Backlash: The Politics and Real-World Consequences of Minority Group Dehumanization," *Personality and Social Psychology Bulletin* 43, no. 1 (2016), doi:10.1177/0146167216675334.
8. Medea Benjamin, "Israel's Lesson to Palestinians: Build More Rockets?" *AherNet*, December 5, 2012, https://www.alternet.org/news-amp-politics/israels-lesson-palestinians-build-more-rockets.
9. Victoria M. Esses et al., "Justice, Morality, and the Dehumanization of Refugees," *Social Justice Research* 21, no. 1 (2008), doi:10.1007/s11211-007-0058-4.
10. Victoria M. Esses, Stelian Medianu, and Andrea S. Lawson, "Uncertainty, Threat, and the Role of the Media in Promoting the Dehumanization of Immigrants and Refugees," *Journal of Social Issues* 69, no. 3 (2013), doi:l 0.1111/josi. 12027.
11. Gordon Hodson and Kimberly Costello, "Interpersonal Disgust, Ideological Orientations, and Dehumanization as Predictors of Intergroup Attitudes," *Psychological Science* 18, no. 8 (2007), doi:10.1111/j.1467-9280.2007.01962.x.
12. Andrea Pitzer, *One Long Night: A Global History of Concentration Camps* (London: Hachette UK, 2017), 13, 92, 186.
13. Donald Trump, June 19, 2018, https://twitter.com/realdonaldtrump/status/1009071403918864385.
14. "Polish Opposition Warns Refugees Could Spread Infectious Diseases," *Reuters*, October 15, 2014, https://www.reuters.com/article/us-europe-migrants-poland/polish-opposition-warns-refugees-could-spread-infectious-diseases-idUSKC NOS918B20151015.
15. Stephen Michael Utych, "A Matter of Life and Death: Essays on the Value of Human Life in Politics," PhD diss., Vanderbilt University, 2015.
16. Shekhar Aiyar et al., "Refugee Surge in Europe," *Proceedings of the Refugee Surge in Europe: Economic Challenges*, International Monetary Fund, 2016, https://www.imf.org/external/pubs/ft/sdn/2016/sdn1602.pdf, 14.
17. Edward C. Baig, "Steve Jobs' Biological Father Was Syrian Migrant, Some Note," *USA Today*,

November 16, 2015, https://www.usatoday.com/story/tech/columnist/baig/2015/11/16/steve-jobs-biological-father-syrian-migrant-some-note/75899450/.

18. Michael Cavna, "Banksy's Striking New Mural Imagines Steve Jobs as a Syrian Refugee," *Washington Post*, December 11, 2015, https://www.washingtonpost.com/news/comic-riffs/wp/2015/12/11/we-all-know-steve-jobs-syrian-migrant-roots-but-banksy-brings-message-home/.

19. Chris Fuhrmeister, "Anthony Bourdain Hits Back at Donald Trump, Defends Immigrants," *Eater*, October 29, 2015, https://www.eater.corn/2015/10/29/9638304/anthony-bourdain-donald-trump-immigration.

20. The definitions noted in this paragraph are summarized in the following article: Martha J. Farah and Andrea S. Heberlein, "Personhood and Neuroscience: Naturalizing or Nihilating?" *American Journal of Bioethics* 7, no. 1 (2007): 37-48, doi:10.1080/15265160601064199.

21. Peter Singer, *Rethinking Life and Death: The Collapse of Our Traditional Ethics* (Oxford: Oxford University Press, 1994), 180.

22. Michael Tooley, "Abortion and Infanticide," *Philosophy and Public Affairs* 2, no. 1 (1972): 37-65, http://www.jstor.org/stable/2264919.

23. Joel Feinberg, "Abortion," in *Matters of Life and Death*, ed. T. Regan (Philadelphia. Temple University Press, 1980), 188-89.

24. H. Tristram Engelhardt Jr., *The Foundations of Bioethics* (Oxford: Oxford University Press, 1986), 138.

25. Shane Schweitzer and Adam Waytz, "Language as a Window into Mind Perception: How Mental State Language Differentiates Body and Mind, Human and Nonhuman, and the Self from Others" (2018), unpublished working paper.

26. Heather M. Gray, Kurt Gray, and Daniel M. Wegner, "Dimensions of Mind Perception," *Science* 315, no. 5812 (February 2, 2007), doi:10.1126/science.1134475.

27. Nick Haslam, "Dehumanization: An Integrative Review," *Personality and Social Psychology Review* 10, no. 3 (2006), doi:10.1207/s15327957pspr1003_4.

28. Jacques-Philippe Leyens et al., "The Emotional Side of Prejudice: The Attribution of Secondary Emotions to Ingroups and Outgroups," *Personality and Social Psychology Review* 4, no. 2 (2000), doi:10.1207/s15327957pspr0402_06.

29. Jason P. Mitchell, Todd F. Heatherton, and C. Neil Macrae, "Distinct Neural Systems Subserve Person and Object Knowledge," *Proceedings of the National Academy of Sciences* 99, no. 23 (2002), doi:10.1073/pnas.232395699.

30. Jason P. Mitchell, Mahzarin R. Banaji, and C. Nell Macrae, "General and Specific Contributions of the Medial Prefrontal Cortex to Knowledge about Mental States," *Neurolmage* 28, no. 4 (2005), doi:10.1016/j.neuroimage.2005.03.011.

31. James K. Rilling et al., "The Neural Correlates of Theory of Mind within Interpersonal Interactions," *Neurolmage* 22, no. 4 (2004), doi:10.1016/j.neuro image.2004.04.015.

32. Lasana T. Harris and Susan T. Fiske, "Dehumanizing the Lowest of the Low," *Psychological Science* 17, no. 10 (2006), doi: 10.1111/j.1467-9280.2006.01793.x; Lasana T. Harris et al., "Regions of the MPFC Differentially Tuned to Social and Nonsocial Affective Evaluation," *Cognitive, Affective, and Behavioral Neuroscience* 7, no. 4 (2007): 309-16.

33. Adam Waytz et al., "Making Sense by Making Sentient: Effectance Motivation Increases Anthropomorphism," *Journal of Personality and Social Psychology* 99, no. 3 (2010), doi:10.1037/a0020240.

34. Jamil Zaki and Kevin N. Ochsner, "The Neuroscience of Empathy: Progress, Pitfalls and Promise," *Nature Neuroscience* 15, no. 5 (2012): 675.
35. Sara H. Konrath, Edward H. O'Brien, and Courtney Hsing, "Changes in Dispositional Empathy in American College Students over Time: A Meta-Analysis," *Personality and Social Psychology Review* 15, no. 2 (2010): 180-98, doi:10.1177/1088868310377395.
36. These constructs roughly approximate to "prosocial concern" and "mentalizing" in terms of Zaki and Ochsner's (2012) definition of empathy.
37. Jean M. Twenge, *Generation Me—Revised and Updated: Why Today's Young Americans Are More Confident, Assertive, Entitled—and More Miserable Than Ever Before* (New York: Simon & Schuster, 2014), 56.
38. Kali H. Trzesniewski and M. Brent Donnellan, "Rethinking 'Generation Me': A Study of Cohort Effects from 1976-2006," *Perspectives on Psychological Science* 5, no. 1 (2010) 58-75, doi. org/10.1177/1745691609356789.
39. Eunike Wetzel et al., "The Narcissism Epidemic Is Dead; Long Live the Narcissism Epidemic," Psychological Science 28, no. 12 (2017): 1833-47, doi.org/10.1177/0956797617724208.
40. Robert D. Putnam, "Bowling Alone: America's Declining Social Capital," interview, *Journal of Democracy* 6, (1995): 65-78.
41. Thomas H. Sander and Robert D. Putnam, "Still Bowling Alone? The Post-9/11 Split," *Journal of Democracy* 21, no. 1 (2010): 9-16, https://www.journalofdemocracy.org/article/still-bowling-alone-post-911-split.
42. Joe Cortright, "Less in Common," *City Observatory*, June 9, 2015, http://cityobservatory.org/less-in-common/.
43. Eric D. Gould and Alexander Hijzen, "Growing Apart, Losing Trust? The Impact of Inequality on Social Capital" (IMF working paper, International Monetary Fund, 2016).
44. N. Epley, A. Waytz, and J. T. Cacioppo, "On Seeing Human: A Three-Factor Theory of Anthropomorphism," *Psychological Review* 114, no. 4 (2007): 864-86, doi:10.1037/0033-295X.114.4.864.
45. S. Cacioppo et al., "Loneliness Clinical Import and Interventions," *Perspectives on Psychological Science* 10, no. 2 (2015): 238-49, doi:10.1177/1745691615570616; Stephen Marche, "Is Facebook Making Us Lonely?" *The Atlantic*, May 2012, 60-69.
46. Pew Research Center, "Social Isolation and New Technology," November 4, 2009, http://www.pewinternet.org/2009/11/04/social-isolation-and_new-technology/; D. Matthew et al., "Declining Loneliness over Time. Evidence from American Colleges and High Schools," *Personality and Social Psychology Bulletin* 41, no. 1 (2015): 78-89.
47. Christian Welzel, *Freedom Rising* (New York: Cambridge University Press, 2013).
48. Henri C. Santos, Michael E. W. Varnum, and Igor Grossmann, "Global Increases in Individualism," *Psychological Science* 28, no. 9 (2017):1228-39, doi.org/10.1177/0956797617700622.
49. Michael J. Sandel, *What Money Can't Buy: The Moral Limits of Markets* (New York: Farrar, Straus and Giroux, 2012), 9.
50. Lasana T. Harris et al., "Assigning Economic Value to People Results in Dehumanization Brain Flesponse," *Journal of Neuroscience, Psychology, and Economics* 7, no. 3 (2014): 151.
51. Alan P. Fiske, "The Four Elementary Forms of Sociality: Framework for a Unified Theory of Social Relations," *Psychological Review* 99, no. 4 (1992): 689-723.
52. Tara Palmeri, "Rich Manhattan Moms Hire Handicapped Tour Guides So Kids Can Cut Lines at

Disney World," *New York Post*, May 14, 2013, http://nypost.com/2013/05/14/rich-manhattan-moms-hire-handicapped-tour-guides-so-kids-can-cut-lines-at-disney-world/.
53. Philip Bump, "Congress Sets a New Record for Polarization. Here's How—In 7 Charts," *Washington Post*, June 2, 2015, https://www.washingtonpost.com/news/the-fix/wp/2015/06/02/congress-sets-a-new-record-for-polarization-but-why
54. Jeffrey M. Jones, "Obama's Fourth Year in Office Ties as Most Polarized Ever," Gallup.com, January 24, 2013, http://news.gallup.com/poll/160097/obama-fourth-year-office-ties-polarized-ever.aspx.
55. Brandon Rottinghaus and Justin S. Vaughn, *Official Besults of the 2018 Presidents & Executive Politics Presidential Greatness Survey*, https://sps.boisestate.edu/politicalscience/files/2018/02/Greatness.pdf; Kenneth T. Walsh, "Polarization Deepens in American Politics," *U.S. News & World Report*, October 3, 2017, https://www.usnews.com/news/ken-walshs-washington/articles/2017-10-03/polarization-deepens-in-american-politics.
56. Tim Groeling, "Media Bias by the Numbers: Challenges and Opportunities in the Empirical Study of Partisan News," *Political Science* 16, no. 1 (2013): 129-51.
57. Pew Research Center, "Partisanship and Political Animosity in 2016," June 22, 2016, http://www.people-press.org/2016/06/22/partisanship-and-political-animosity-in-2016/.
58. Pablo Barberá et al., "Tweeting from Left to Right: Is Online Political Communication More Than an Echo Chamber?" *Psychological Science* 26, no. 10 (2015): 1531-42, doi.org/10.1177/0956797615594620.
59. Adam Waytz, Liane L. Young, and Jeremy Ginges, "Motive Attribution Asymmetry for Love vs. Hate Drives Intractable Conflict," *Proceedings of the National Academy of Sciences* 111, no. 44 (2014): 15687-92, doi:10.1073/pnas.1414146111.
60. Ed O'Brien and Phoebe C. Ellsworth, "More Than Skin Deep: Visceral States Are Not Projected onto Dissimilar Others," *Psychological Science* 23, no. 4 (2012): 391-96, doi:10.1177/0956797611432179.
61. James L. Matherus, "Party Animals? Party Identity and Dehumanization," 2018, unpublished working paper; Leor M. Hackel, Christine E. Looser, and Jay Van Bavel, "Group Membership Alters the Threshold for Mind Perception: The Role of Social Identity, Collective Identification, and Intergroup Threat," *Journal of Experimental Social Psychology* 52 (May 2014): 15-23, doi.org/10.1016/j.jesp.2013.12.001.
62. Ben Jacobs, "Hillary Clinton Calls Half of Trump Supporters Bigoted 'Deplorables,'" *The Guardian*, September 10, 2016, https://www.theguardian.com/us-news/2016/sep/10/hillary-clinton-trump-supporters-bigoted-deplorables.
63. Donald J. Trump (@realDonaldTrump), "Animals representing Hillary Clinton and Dems in North Carolina just firebombed our office in Orange County because we are winning @NCGOP," Tweet, October 16, https://twitter.com/realDonaldTrump/status/787782613633208320.
64. Thomas Piketty, *Capital in the Twenty-First Century* (Cambridge: Belknap Press, 2014).
65. "World Inequality Database," accessed July 11, 2018, http://wid.world; Edward Wolff, "Deconstructing Household Wealth Trends in the United States, 1983-2013" (NBER working paper no. w22704, The National Bureau of Economic Research, September 2016); Emmanuel Saez, "U.S. Top One Percent of Income Earners Hit New High in 2015 amid Strong Economic Growth," Washington Center for Equitable Growth, April 10, 2018, http://equitablegrowth.org/research-analysis/u-s-top-one-percent-of-income-earners-hit-new-high-in-2015-amid-strong-economic-growth/; Chad Stone et al., "A Guide to Statistics on Historical Trends in Income Inequality," Center

on Budget and Policy Priorities, February 16, 2018, https://www.cbpp.org/research/poverty-and-inequality/a-guide-to-statistics-on-historical-trends-in-income-inequality.
66. Paul Jargowsky, "Architecture of Segregation," Century Foundation, August 7, 2015, https://tcf.org/content/report/architecture-of-segregation/.
67. Susan T. Fiske, "From Dehumanization and Objectification to Rehumanization," *Annals of the New Yorh Academy of Sciences* 1167, no. 1 (June 2009): 31-34, doi: 10.1111/j.1749-6632.2009.04544.x.
68. Sundance, "John Stossel Interview with Labor Secretary Nominee Andy Puzder," Last Refuge, December 9, 2016, https://theconservativetreehouse.com/2016/12/09/john-stossel-interview-with-labor-secretary-nominee-andy-puzder/.
69. Lea Hudson, "Commentary: Feeding 'the Animals' Makes Them Dependent," *The Teuuessean*, September 18, 2016, https://www.tennessean.com/story/news/local/cheatham/2016/09/18/feeding-animals-makes-dependent/90623538/.
70. Fiske, "From Dehumanization and Objectification to Rehumanization."
71. Andrew K. Przybylski and Netta Weinstein, "A Large Scale Test of the Goldilocks Hypothesis: Quantifying the Relations Between Digital Screens and the Mental Well-Being of Adolescents," *Psychological Science* 28, no. 2 (January 13, 2017): 204-15, doi:10.1177/0956797616678438.
72. Adam Waytz and Kurt Gray, "Does Online Technology Make Us More or Less Sociable? A Preliminary Review and Call for Research," *Perspectives on Psychological Science* 13, no. 4 (2018): 473-91, doi: 10.1177/1745691617746509.

第 2 章

1. Fred Katz, "Thunder Notes: Roberson Keeps Hugging, Drops Career High," *Norman Transcript*, February 24, 2017, http://www.normantranscript.com/oklahoma/thundernotes-roberson-keeps-hugging-drops_career_high/article_a6a6ac04-fbl4-1le6-a23d-7348081810b8.html.
2. Frank N. Willis and Helen K. Hamm, "The Use of Interpersonal Touch in Securing Compliance," *Journal of Nonverbal Behavior* 5, no. 1 (1980): 49-55, doi: 10.1007/bf00987054.
3. Chris L. Kleinke, "Compliance to Requests Made by Gazing and Touching Experimenters in Field Settings," *Journal of Experimental Social Psychology* 13, no. 3 (1977): 218-23, doi:10.1016/0022-1031(77)90044-0.
4. April H. Crusco and Christopher G. Wetzel, "The Midas Touch: The Effects of Interpersonal Touch on Restaurant Tipping," *Personality and Social Psychology Bulletin* 10, no. 4 (1984): 512-17.
5. James A. Coan, Hilary S. Schaefer, and Richard J. Davidson, "Lending a Hand: Social Regulation of the Neural Response to Threat," *Psychological Science* 17, no. 2 (2006): 1032-39, doi:10.1111/j.1467-9280.2006.01832.x.
6. Sarah L. Master et al., "A Picture's Worth: Partner Photographs Reduce Experimentally Induced Pain," *Psychological Science* 20, no. 11 (2009): 1316-18, http://dx.doi.org/10.1111/j.1467-9280.2009.02444.x.
7. Pavel Goldstein et al., "Empathy Predicts an Experimental Pain Reduction during Touch," *Journal of Pain* 17, no. 10 (October 2016): 1049-57, doi: 10.1016/j.jpain.2016.06.007.
8. Ryan W. Buell, Tami Kim, and Chia-Jung Tsay, "Creating Reciprocal Value through Operational Transparency," *Management Science* 63, no. 6 (May 2016): 1673-95, https://doi.org/10.1287/mnsc.2015.2411.
9. Justin Kruger et al., "The Effort Heuristic," *Journal of Experimental Social Psychology* 40, no. 1

(2004): 91-98, doi:10.1016/S0022-1031(03)00065-9.
10. Adam Smith, *An Inquiry into the Nature and Causes of the Wealth of Nations* (1817).
11. Karl Marx, *Wage-Labor and Capital* (Moscow: Progress Publishers, 1847).
12. Angelina Hawley-Dolan and Ellen Winner, "Seeing the Mind Behind the Art: People Can Distinguish Abstract Expressionist Paintings from Highly Similar Paintings by Children, Chimps, Monkeys, and Elephants," *Psychological Science* 22, no. 4 (March 2011): 435-41, doi.org/10.1177/0956797611400915; Leslie Snapper et al., "Your Kid Could Not Have Done That: Even Untutored Observers Can Discern Intentionality and Structure in Abstract Expressionist Art," *Cognition* 137 (April 2015): 154-65, doi:10.1016/j.cognition.2014.12.009.
13. Nigel Reynolds, "Art World Goes Wild for Chimpanzee's Paintings as Warhol Work Flops," *The Telegraph*, June 21, 2005, http://www.telegraph.co.uk/news/1492463/Art-world-goes-wild-for-chimpanzees-paintings-as-Warhol-work-flops.html.
14. Kurt Gray, "The Power of Good Intentions: Perceived Benevolence Soothes Pain, Increases Pleasure, and Improves Taste," *Social Psychological and Personality Science* 3, no. 5 (January 2012): 639-45, doi.org/10.1177/1948550611433470.
15. Robert Kreuzbauer, Dan King, and Shanka Basu, "The Mind in the Object—Psychological Valuation of Materialized Human Expression," *Journal of Experimental Psychology: General* 144, no. 4 (August 2015): 764-87, doi: 10.1037/xge0000080.
16. Marianna Mairesse and Katie L. Connor, "Christian Louboutin: In His Shoes," *Marie Claire*, February 27, 2012, http://www.marieclaire.com/celebrity/a6920/christian-louboutin-interview/.
17. Christoph Fuchs, Martin Schreier, and Stijn M. van Osselaer, "The Handmade Effect: What's Love Got to Do with It?" *Journal of Marketing* 79, no. 2 (March 2015): 98-110, doi.org/10.1509/jm.14.0018.
18. Gregory A. Hall, "Maker's Mark 'Handmade' Claim Allowed by Judge," *Courier-Journal*, July 29, 2015, https://www.courier-journal.com/story/life/food/spirits/bourbon/2015/07/29/judge-dismisses-lawsuit-markers-mark/30830057/.
19. Veronika Job et al., "Social Traces of Generic Humans Increase the Value of Everyday Objects," *Personality and Social Psychology Bulletin* 43, no. 6 (April 2017): 785-92, doi.org/10.1177/0146167217697694.
20. Ulrich Kirk et al., "Modulation of Aesthetic Value by Semantic Context: An fMRI study," *Neuroimage* 44, no. 3 (February 2009): 1125-32, doi:10.1016/j.neuroimage.2008.10.009.
21. James George Frazer, "The Golden Bough," in *The Golden Bough* (London: Palgrave Macmillan, 1990), 701-11.
22. Carol Nemeroff and Paul Rozin, "The Contagion Concept in Adult Thinking in the United States: Transmission of Germs and of Interpersonal Influence," *Ethos* 22, no. 2 (June 1994): 158-86, doi.org/10.1525/eth. 1994.22.2.02a00020.
23. George E. Newman and Paul Bloom, "Physical Contact Influences How Much People Pay at Celebrity Auctions," *Proceedings of the National Academy of Sciences* 111, no. 10 (2014): 3705-8, doi:10.1073/pnas.1313637111.
24. Eva Krumhuber et al., "Facial Dynamics as Indicators of Trustworthiness and Cooperative Behavior," *Emotion* 7, no. 4 (November 2007): 730-35, doi: 10.1037/1528-3542.7.4.730.
25. Francesca Gino, Maryam Kouchaki, and Adam D. Galinsky, "The Moral Virtue of Authenticity: How Inauthenticity Produces Feelings of Immorality and Impurity," *Psychological Science* 26, no. 7 (2015): 983-96, doi:10.1177/0956797615575277.

26. Michael Harkin, "Modernist Anthropology and Tourism of the Authentic," *Annals of Tourism Research* 22, no. 3 (1995): 650-70, doi.org/10.1016/0160-7383(95)00008-T; Robert L. Goldman and Stephen Papson, *Sign Wars: The Cluttered Landscape of Advertising* (New York: Guilford Press, 1996); George E. Newman and Ravi Dhar, "Authenticity Is Contagious: Brand Essence and the Original Source of Production," *Journal of Marketing Research* 51, no. 3 (June 2014): 371-86, doi.org/10.1509/jmr.11.0022.
27. George E. Newman and Paul Bloom, "Art and Authenticity: The Importance of Originals in Judgments of Value," *Journal of Experimental Psychology: General* 141, no. 3 (August 2012): 558-69, doi:10.1037/a0026035.
28. Joshua Hammer, "The Greatest Fake-Art Scam in History?" *Vanity Fair*, October 10, 2012, https://www.vanityfair.com/culture/2012/10/wolfgang-beltracchi-helene-art-scam.
29. Balfizs Kovfics, Glenn R. Carroll, and David W. Lehman, "Authenticity and Consumer Value Ratings: Empirical Tests from the Restaurant Domain," *Organization Science* 25, no. 2 (July 2013): 458-78, doi.org/10.1287/orsc.2013.0843.
30. M. Yeomans et al., "Making Sense of Recommendations," 2018, unpublished working paper.
31. Berkeley J. Dietvorst, Joseph R Simmons, and Cade Massey, "Algorithm Aversion: People Erroneously Avoid Algorithms after Seeing Them Err," *Journal of Experimental Psychology: General* 144, no. 1 (2014): 114-26, doi.org/10.1037/xge0000033.

第 3 章

1. Qianfan Zhang, *Human Dignity in Classical Chinese Philosophy: Confucianism, Mohism, and Daoism* (New York: Palgrave, 2016).
2. Immanuel Kant, *Grounding for the Metaphysics of Morals: On a Supposed Right to Lie Because of Philanthropic Concerns* (Indianapolis: Hackett Publishing, 1993), 36.
3. James Legge, *The Works of Mencius: The Chinese Classics* (Oxford: Clarendon Press, 1861), 471.
4. Lt. Col. Dave Grossman, *On Killing: The Psychological Cost of Learning to Kill in War and Society* (New York: Back Bay Books, 1995).
5. S. L. A. Marshall, *Men Against Fire: The Problem of Battle Command* (Norman: University of Oklahoma Press, 2000).
6. Molly J. Crockett et al., "Harm to Others Outweighs Harm to Self in Moral Decision Making," *Proceedings of the National Academy of Sciences* 111, no. 48 (December 2014): 17320-25, doi.org/10.1073/pnas.1408988111.
7. Lukas J. Volz et al., "Harm to Self Outweighs Benefit to Others in Moral Decision Making," *Proceedings of the National Academy of Sciences* 114, no. 30 (July 2017): 7963-68, doi.org/10.1073/pnas.1706693114.
8. Fiery Cushman et al., "Simulating Murder: The Aversion to Harmful Action," *Emotion* 12, no. 1 (February 2012): 2-7, doi:10.1037/a0025071.
9. Albert Bandura, Bill Underwood, and Michael E. Fromson, "Disinhibition of Aggression Through Diffusion of Responsibility and Dehumanization of Victims," *Journal of Research in Personality* 9, no. 4 (December 1975): 253-69, doi.org/10.1016/0092-6566(75)90001-X.
10. Michael J. Osofsky, Albert Bandura, and Philip G. Zimbardo, "The Role of Moral Disengagement in the Execution Process," *Law and Human Behavior* 29, no. 4 (August 2005): 371-93, doi:10.1007/s10979-005-4930-1.

11. Maria Andersson et al., "Patient Photographs—A Landmark for the ICU Staff: A Descriptive Study," *Intensive and Critical Care Nursing* 29, no. 4 (2013): 193-201.
12. Cecilia Neto, Tilda Shalof, and Judy Costello, "Critical Care Nurses' Responses to Patient Photographs Displayed at the Bedside," *Heart and Lung: The Journal of Acute and Critical Care* 35, no. 3 (2006): 198-204.
13. Mary Garter et al., "Relationship Between Ultrasound Viewing and Proceeding to Abortion," *Obstetrics and Gynecology* 123, no. 1 (January 2014): 81-87, doi:10.1097/AOG.0000000000000053.
14. Ushma D. Upadhyay et al., "Evaluating the Impact of a Mandatory Pre-Abortion Ultrasound Viewing Law: A Mixed Methods Study," *PloS One* 12, no. 7 (2017): e0178871.
15. Emma Green, "Science Is Giving the Pro-Life Movement a Boost," *The Atlantic*, January 18, 2018, https://www.theatlantic.com/politics/archive/2018/01/pro-life-pro-science/549308/.
16. Kazumitsu Kushida et al., "Introduction of Honda ASV-3 (motorcycles)," *Honda R and D Technical Review* 18, no. 2 (2006): 13.
17. Jan Theeuwes and Stefan Van der Stigchel, "Faces Capture Attention: Evidence from Inhibition of Return," *Visual Cognition* 13, no. 6 (2006): 657-65, doi.org/10.1080/13506280500410949.
18. Thomas C. Schelling, "The Life You Save May Be Your Own," in *Choice and Consequence: Perspectives of an Errant Economist* (Cambridge, MA: Harvard University Press, 1984), 115-16, 126.
19. Deborah A. Small, George Loewenstein, and Paul Slovic, "Sympathy and Callousness: The Impact of Deliberative Thought on Donations to Identifiable and Statistical Victims," *Organizational Behavior and Human Decision Processes* 102, no. 2 (2007): 143-53, doi:10.1016/j.obhdp.2006.01.005.
20. Paul Slovic et al., "Iconic Photographs and the Ebb and Flow of Empathic Response to Humanitarian Disasters," *Proceedings of the National Academy of Sciences* 114, no. 4 (January 2017): 640-44, doi.org/10.1073/pnas.1613977114.
21. Alexander Genevsky et al., "Neural Underpinnings of the Identifiable Victim Effect: Affect Shifts Preferences for Giving," *Journal of Neuroscience* 33, no. 43 (October 2013): 17188-96, doi.org/10.1523/JNEUROSCI.2348-13.2013.
22. Cynthia Cryder and George Loewenstein, "The Critical Link between Tangibility and Generosity," in *The Science of Giving: Experimental Approaches to the Study of Charity*, ed. D. M. Oppenheimer and C. Y. Olivola (New York: Taylor and Francis, 2010), 237-51.
23. C. Daryl Cameron and B. Keith Payne, "Escaping Affect: How Motivated Emotion Regulation Creates Insensitivity to Mass Suffering," *Journal of Personality and Social Psychology* 100, no. 1 (January 2011): 1-15, doi:10.1037/a0021643.
24. Note that this quote was presented as is, in citation 138, but another version of this quote appears in the reference provided here, as, "I never look at the masses as my responsibility; I look at the individual. I can only love one person at a time—just one, one, one." Susan Conroy, *Mother Teresa's Lessons of Love and Secrets of Sanctity* (Huntington, IN: Our Sunday Visitor Publishing, 2003).
25. Adam Waytz and Liane Young, "The Group-Member Mind Trade-Off: Attributing Mind to Groups versus Group Members," *Psychological Science* 23, no. 1 (2012): 77-85.
26. David L. Hamilton and Steven J. Sherman, "Perceiving Persons and Groups," *Psychological Review* 103, no. 2 (April 1996): 336-55, http://dx.doi.org/10.1037/0033-295X.103.2.336.
27. Robert W. Smith, David Faro, and Katherine A. Burson, "More for the Many: The Influence of Entitativity on Charitable Giving." *Journal of Consumer Research* 39, no. 5 (2012): 961-76.
28. Daniel Västfjäll et al., "Compassion Fade: Affect and Charity Are Greatest for a Single Child in

Need," *PloS One* 9, no. 6 (2014): el00115.

29. Francesca Gino, Lisa Shu, and Max H. Bazerman, "Nameless + Harmless = Blameless: When Seemingly Irrelevant Factors Influence Judgment of (Un) ethical Behavior," *Organizational Behavior and Human Decision Processes* 111, no. 2 (2010): 93-101, http://dx.doi.org/10.1016/j.obhdp.2009.11.001.

30. Adam Waytz, John Cacioppo, and Nicholas Epley, "Who Sees Human? The Stability and Importance of Individual Differences in Anthropomorphism," *Perspectives on Psychological Science* 5, no. 3 (2014): 219-32, doi:10.1177/1745691610369336.

31. Catherine Bertenshaw and Peter Rowlinson, "Exploring Stock Managers' Perceptions of the Human-Animal Relationship on Dairy Farms and an Association with Milk Production," *Anthrozoös* 22, no. 1 (2009): 59-69, https://doi.org/10.2752/175303708X390473.

32. Brock Bastian and Steve Loughnan, "Resolving the Meat-Paradox: A Motivational Account of Morally Troublesome Behavior and Its Maintenance," *Personality and Social Psychology Review* 21, no. 3 (May 2016): 278-99, https://doi.org/10.1177/1088868316647562.

33. Brock Bastian et al., "Don't Mind Meat? The Denial of Mind to Animals Used for Human Consumption," *Personality and Social Psychology Bulletin* 38, no. 2 (February 2012): 247-56, https://doi.org/10.1177/0146167211424291.

34. James A. Serpell "Anthropomorphism and Anthropomorphic Selection—Beyond the 'Cute Response,'" *Society and Animals* 10, no. 4 (2002): 437-54, doi: 10.1163/156853002320936926.

35. Laura Entis, "Pets Are Basically People," *Fortune*, September 7, 2016, http://fortune.com/2016/09/07/pets-are-basically-people/.

36. Max E. Butterfield, Sarah E. Hill, and Charles G. Lord, "Mangy Mutt or Furry Friend? Anthropomorphism Promotes Animal Welfare," *Journal of Experimental Social Psychology* 48, no 4. (July 2012): 957-60, https://doi.org/10.1016/j.jesp. 2012.02.010.

37. Personal communication, March 15, 2018.

38. Personal communication, March 30, 2018.

39. Jeff Mackey, "NYC: Drop Dead (Meat)," PETA, July 29, 2010, http://www.peta.org/blog/nyc-drop-dead-meat/.

40. S. Pious, "Psychological Mechanisms in the Human Use of Animals," *Journal of Social Issues* 49, no. 1 (1993): 11-52, https://doi.org/10.1111/j.1540-4560.1993.tb00907.x.

41. Stephen R. Kellert, *The Value of Life: Biological Diversity and Human Society* (Washington, DC: Island Press, 1996).

42. Gregg Mitman, "Pachyderm Personalities: The Media of Science, Politics, and Conservation," in Thinking with Animals: *New Perspectives on Anthro-pomorphism*, ed. Lorraine Daston and Gregg Mitman (New York: Columbia University Press, 2005), 175-95.

43. Christopher Lehmann-Haupt, "Books of the Times; The Allure of Elephants; In Their Grace and Folly," *New York Times*, March 10, 1988, http://www.nytimes.com/1988/03/10/books/books-of-the-times-the-allure-of-elephants-in-their grace-and-folly.html.

44. Stacey K. Sowards, "Identification through Orangutans: Destabilizing the Nature/Culture Dualism," *Ethics and the Environment* 11, no. 2 (2006): 45-61, doi: 10.1353/een.2007.0007.

45. "World Declaration on Great Primates," GAP Project, http://www.projetogap.org.br/en/world-declaration-on-great-primates/.

46. Nurit Bird-David and Danny Naveh, "Relational Epistemology, Immediacy, and Conservation: Or, What Do the Nayaka Try to Conserve?" *Journal for the Study of Religion, Nature and Culture* 2,

no. 1 (2008): 55-73, doi: 10.1558/jsrnc.v2i1.55.
47. Danny Naveh and Nurit Bird-David, "How Persons Become Things: Economic and Epistemological Changes Among Nayaka Hunter-Gatherers," *Journal of the Royal Anthropological Institute* 20, no. 1 (January 2014): 74-92, https://doi.org/10.1111/1467-9655.12080.
48. Ananya Bhattacharya, "India's Sacred Rivers Now Have Human Rights," *Quartz*, March 22, 2017, https://qz.com/938190/the-ganga-and-yamuna-rivers-in-india-were-given-human-rights-to-protect-them-from-pollution/.
49. Jesse Chandler and Norbert Schwarz, "Use Does Not Wear Ragged the Fabric of Friendship: Thinking of Objects as Alive Makes People Less Willing to Replace Them," *Journal of Consumer Psychology* 20, no. 2 (April 2010): 138-45, https://doi.org/10.1016/j.jcps.2009.12.008.
50. Peter H. Kahn Jr. et al., "'Robovie, You'll Have to Go into the Closet Now': Children's Social and Moral Relationships with a Humanoid Robot," *Developmental Psychology* 48, no. 2 (March 2012): 303-14, doi:10.1037/a0027033.
51. Jeroen Vaes et al., "Minimal Humanity Cues Induce Neural Empathic Reactions Towards Non-Human Entities," *Neuropsychologia* 89 (August 2016): 132-40, doi:10.1016/j.neuropsychologia.2016.06.004.

第 4 章

1. Adam Waytz, "Do Cultural Critics Have Any Value Left?" *Pacific Standard*, July 11, 2013, https://psmag.com/social-justice/the-value-of-cultural-critics-books-movies-television-art-62131.
2. Matthew J. Salganik, Peter Sheridan Dodds, and Duncan J. Watts, "Experimental Study of Inequality and Unpredictability in an Artificial Cultural Market," *Science* 311, no. 5762 (2006): 854-56, doi:10.1126/science.1121066.
3. Stanley Milgram, "Behavioral Study of Obedience," *Journal of Abnormal and Social Psychology* 67, no. 4 (1963): 371-78.
4. Stanley Milgram, "Some Conditions of Obedience and Disobedience to Authority," *Human Relations* 18, no. 1 (1975): 57-76, doi: 10.1177/001872676501800105.
5. Robert M. Bond et al., "A 61-Million-Person Experiment in Social Influence and Political Mobilization," *Nature* 489 (September 2012): 295-98, doi: 10.1038/nature11421.
6. Elizabeth Levy Paluck, "The Salience of Social Referents: A Field Experiment on Collective Norms and Harassment Behavior in a School Social Network," *Journal of Personality and Social Psychology* 103, no. 6 (December 2012): 899-915; Elizabeth Levy Paluck, Hana Shepherd, and Peter M. Aronow, "Changing Climates of Conflict: A Social Network Experiment in 56 Schools," *Proceedings of the National Academy of Sciences* 113, no. 3 (January 2016): 566-71, https://doi.org/10.1073/pnas.1514483113.
7. Cure Violence, "Scientific Evaluations," http://cureviolence.org/results/scientific-evaluations/.
8. Daniel W. Webster et al., "Effect of Baltimore's *Safe Streets* Program on Gun Violence: A Replication of Chicago's *CeaseFire* Program," *Journal of Urban Health* 90, no. 1 (June 2012): 27-40, doi:10.1007/sl1524-012-9731-5.
9. Sheyla Delgado, Laila Alsabahi, and Jeffrey A. Butts, "Young Men in Neigh-borhoods with Cure Violence Programs Adopt Attitudes Less Supportive of Violence," John Jay College Research and Evaluation Center (JohnJayREC), March 16, 2017, https://johnjayrec.nyc/2017/03/16/databit201701/.
10. David Broockman and Joshua Kalla, "Durably Reducing Transphobia: A Field Experiment on Door-to-Door Canvassing," *Science* 352, no. 6282 (April 2016): 220-24, doi:10.1126/science.aad9713.

11. Christie Aschwanden and Maggie Koerth-Baker, "How Two Grad Students Uncovered an Apparent Fraud—And a Way to Change Opinions on Transgender Rights," *FiveThirtyEight*, April 7, 2016, https://fivethirtyeight.com/features/how-two-grad-students-uncovered-michael-lacour-fraud-and-a-way-to-change-opinions-on-transgender-rights/.
12. Lacey Rose, "Bill Simmons Breaks Free: His 'F-ing Shitty' ESPN Exit, Who Courted Him and Details of His HBO Show," *Hollywood Reporter*, June 8, 2016, http://www.hollywoodreporter.com/features/bill-simmons-espn-hbo-900291.
13. Jessica Contrera, "As 'the Fathers of Daughters,' They Were Offended by Harassment. But What Did That Really Mean?" *Washington Post*, October 13, 2017, https://www.washingtonpost.com/lifestyle/style/as-the-fathers-of-daughters-they-were-offended-by-harassment-but-what-did-that-really-mean/2017/10/13/c1991f70-aed7-11e7-9e58-e628 8544af98_story.html.
14. Henrik Cronqvist and Frank Yu, "Shaped by Their Daughters: Executives, Female Socialization, and Corporate Social Responsibility," *Journal of Financial Economics* (September 2017), working paper.
15. Paul A. Gompers and Sophie Q. Wang, "And the Children Shall Lead: Gender Diversity and Performance in Venture Capital" (NBER working paper no. 23454, The National Bureau of Economic Research, 2017).
16. Adam N. Glynn and Maya Sen, "Identifying Judicial Empathy: Does Having Daughters Cause Judges to Rule for Women's Issues?" *American Journal of Political Science* 59, no. 1 (2014): 37-54, doi:10.1111/ajps.12118.
17. Jessica M. Nolan et al., "Normative Social Influence Is Underdetected," *Personality and Social Psychology Bulletin* 34, no. 7 (2008): 913-23, https://doi.org/10.1177/0146167208316691.
18. Jessica M. Nolan, Jessica Kenefick, and P. Wesley Schultz, "Normative Messages Promoting Energy Conservation Will Be Underestimated by Experts... Unless You Show Them the Data," *Social Influence* 6, no. 3 (July 2011): 169-80, https://doi.org/10.1080/15534510.2011.584786.
19. Markus Barth, Philipp Jugert, and Immo Fritsche, "Still Underdetected—Social Norms and Collective Efficacy Predict the Acceptance of Electric Vehicles in Germany," *Transportation Research Part F Traffic Psychology and Behavior* 37 (February 2016): 64-77, d0i:10.1016/j.trf.2015.11.011.
20. Dan Glaun, "Michelle Carter Found Guilty by Judge in Text Message Suicide Case," Masslive.com, June 16, 2017, http://www.masslive.com/news/index, ssf/2017/06/michelle_carter_found_guilty_i.html.
21. Alban Murtishi, "Michelle Carter Trial: Last Text Message Conrad Roy Sent Carter Was 'Okay. I'm Almost There,'" Masslive.com, June 16, 2017, http://www.masslive.com/news/index.ssf/2017/06/take_a_look_at_the_text_messag.html.
22. Vanessa K. Bohns, "(Mis)Understanding Our Influence over Others: A Review of the Underestimation-of-Compliance Effect," *Current Directions in Psychological Science* 25, no. 2 (April 2016): 119-23, https://doi.org/10.1177/0963721415628011.
23. Francis J. Flynn and Vanessa K. Lake, "If You Need Help, Just Ask: Underestimating Compliance with Direct Requests for Help," *Journal of Personality and Social Psychology* 95, no. 1 (2008): 128-43, http://digitalcommons.ilr.cornell.edu/articles/1074.
24. Vanessa K. Bohns, M. Mahdi Roghanizad, and Amy Z. Xu, "Underestimating Our Influence Over Others' Unethical Behavior and Decisions," *Personality and Social Psychology Bulletin* 40, no. 3 (March 2014): 348-62, https://doi.org/10.1177/0146167213511825.
25. Mahdi tloghanizad and Vanessa Bohns, "Ask in Person: You're Less Persuasive Than You Think over Email," *Journal of Experimental Social Psychology* 66 (March 2017): 223-26, doi:10.1016/

j.jesp.2016.10.002.

26. Jamil Zaki, Jessica Schirmer, and Jason R Mitchell, "Social Influence Modulates the Neural Computation of Value," *Psychological Science* 22, no. 7 (July 2011): 894-900, doi:10.1177/0956797611411057.
27. Flita Mae Brown, *Venus Envy* (New York: Bantam, 1994), 88.

第 5 章

1. Adam M. Grant, "Does Intrinsic Motivation Fuel the Prosocial Fire? Motivational Synergy in Predicting Persistence, Performance, and Productivity," *Journal of Applied Psychology* 93, no. 1 (2008): 48-58, doi:10.1037/0021-9010.93.1.48.
2. Adam M. Grant et al., "Impact and the Art of Motivation Maintenance: The Effects of Contact with Beneficiaries on Persistence Behavior," *Organizational Behavior and Human Decision Processes* 103, no. 1 (May 2007): 53-67, http://dx.doi.org/10.1016/j.obhdp.2006.05.004.
3. Adam M. Grant, "Employees without a Cause: The Motivational Effects of Prosocial Impact in Public Service," *International Public Management Journal* 11, no. 1 (March 2008): 48-66, https://doi.org/10.1080/10967490801887905.
4. Sandra A. Waddock and Samuel B. Graves, "The Corporate Social Performance-Financial Performance Link," *Strategic Management Journal* 18, no. 4 (April 1997): 303-19, http://www.jstor.org/stable/3088143.
5. Heli Wang and Cuili Qian, "Corporate Philanthropy and Corporate Financial Performance: The Roles of Stakeholder Response and Political Access," *Academy of Management Journal* 54, no. 6 (December 2011): 1159-81, https://journals.aom.org/doi/10.5465/a mj.2009.0548.
6. Vanessa C. Burbano, "Can Firms Pay Less and Get More... By Doing Good? The Effect of Corporate Social Responsibility on Employee Salary Requirements and Performance" (working paper, UCLA Anderson, 2014).
7. Mirco Tonin and Michael Vlassopoulos, "Corporate Philanthropy and Productivity: Evidence from an Online Real Effort Experiment," *Management Science* 61, no. 8 (April 2014): 1795-1811, https://doi.org/10.1287/mnsc.2014.1985.
8. Jim Ziolkowski, "Why I Gave Up a High-Paying Corporate Career to Start a Charity," *Parade*, September 23, 2013, https://parade.com/155634/parade/why-i-gave-up-a-high-paying-corporate-career-to-start-a-charity/.
9. Yvonne Carter, "Why I Left My Career in Finance for a Nonprofit," *LearnVest—Financial Planning Services and Personal Finance News*, December 28, 2012, https://www.learnvest.com/2012/12/why-i-left-my-career-in-finance-for-a-nonprofit.
10. Christiane S. Bode and Jasjit Singh, "Taking a Hit to Save the World? Employee Participation in a Corporate Social Initiative" (INSEAD working paper No. 2017/56/STR, September 2017).
11. Christiane Bode, Jasjit Singh, and Michelle Rogan, "Corporate Social Initiatives and Employee Retention," *Organization Science* 26, no.6 (October 2015): 1702-20, https://doi.org/10.1287/orsc.2015.1006.
12. Ben Paynter, "Why IBM Pays Its Employees to Take Time Off to Tackle the World's Problems," *Fast Company*, July 26, 2017, https://www.fastcompany.com/40442966/why-ibm-pays-its-employees-to-take-time-off-to-tackle-the-worlds-problems.
13. Alex Imas, "Working for the 'Warm Glow': On the Benefits and Limits of Prosocial Incentives,"

Journal of Public Economics 114 (June 2014): 14-18, https://doi.org/10.1016/j.jpubeco.2013.11.006.

14. Patricia L. Lockwood et al., "Prosocial Apathy for Helping Others When Effort Is Required," *Nature Human Behavior* 1 (June 2017): 0131, doi:10.1038/s41562-017-0131.
15. Ayelet Gneezy et al., "Shared Social Responsibility: A Field Experiment in Pay-What-You-Want Pricing and Charitable Giving," *Science* 329, no. 5989 (July 2010): 325-27, doi:10.1126/science.1186744.
16. Greer K. Gosnell, John A. List, and Robert Metcalfe, "A New Approach to an Age-Old Problem: Solving Externalities by Incenting Workers Directly" (NBER working paper no. w22316, National Bureau of Economic Research, 2016).
17. Adam M. Grant and David A. Hofmann, "It's Not All about Me: Motivating Hand Hygiene among Health Care Professionals by Focusing on Patients," *Psychological Science* 22, no. 12 (November 2011): 1494-99, https://doi.org/10.1177/0956797611419172.
18. C. A. Umscheid et al., "Estimating the Proportion of Healthcare-Associated Infections That Are Reasonably Preventable and the Related Mortality and Costs," *Infection Control and Hospital Epidemiology* 32, no. 2 (February 2011): 101-14, doi:10.1086/657912.
19. Vicki Erasmus et al., "Systematic Review of Studies on Compliance with Hand Hygiene Guidelines in Hospital Care," *Infection Control and Hospital Epidemiology* 31, no. 3 (March 2010): 283-94, doi:10.1086/650451.
20. Lalin Anik et al., "Prosocial Bonuses Increase Employee Satisfaction and Team Performance," *PIoS One* 89, no. 9 (September 2013): e75509, https://doi.org/10.1371/journal.pone.0075509.
21. Thoey Bou, "How Our Peer-to-Peer Bonus Program Delivered on Our Values," Poll Everywhere's Blog, February 10, 2017, https://blog.polleverywhere.corn/peer-to-peer-bonus/.
22. Yuval Noah Harari, *Sapiens: A Brief History of Humankind* (London: Harvill Secker, 2014), 443, 42, 105.
23. Adam M. Grant and Sabine Sonnentag, "Doing Good Buffers against Feeling Bad: Prosocial Impact Compensates for Negative Task and Self-Evaluations," *Organizational Behavior and Human Decision Processes* 111, no. 1 (2010): 13-22, doi:10.1016/j.obhdp.2009.07.003.

第 6 章

1. Reverend Dr. Martin Luther King Jr, "Beyond Vietnam: A Time to Break Silence," speech, New York, April 4, 1967, American Rhetoric, http://www.americanrhetoric.com/speeches/mlkatimetobreaksilence.htm.
2. Simon Baron-Cohen, Rebecca C. Knickmeyer, and Matthew K. Belmonte, "Sex Differences in the Brain: Implications for Explaining Autism," *Science* 310, no. 5749 (2005): 819-23, doi:10.1126/science.ll15455.
3. Hikaru Takeuchi et al., "Association Between Resting-State Functional Connectivity and Empathizing/Systemizing," *Neuroimage* 99 (October 2014): 312-22, doi:10.1016/j.neuroimage.2014.05.031.
4. Michael D. Fox et al., "The Human Brain Is Intrinsically Organized into Dynamic, Anticorrelated Functional Networks," *Proceedings of the National Academy of Sciences* 102, no. 27 (2005): 9673-78; Anthony I. Jack et al., "fMRI Reveals Reciprocal Inhibition between Social and Physical Cognitive Domains," *NeuroImage* 66 (2013): 385-401.
5. Carl Benedikt Frey and Michael A. Osborne, "The Future of Employment: How Susceptible Are Jobs to Computerization?" *Technological Forecasting and Social Change* 114 (2017): 254-80, doi:10.1016/j.techfore.2016.08.019.

6. Melanie Arntz, Terry Gregory, and Ulrich Zierahn, "Revisiting the Risk of Automation," *Economics Letters* 159 (October 2017): 157-60, doi.org/10.1016/j.econlet. 2017.07.001.
7. Katja Grace et al., "When Will AI Exceed Human Performance? Evidence from AI Experts," 2017, arxiv.org/abs/1705.08807.
8. Daron Acemoglu and Pascual Restrepo, "Robots and Jobs: Evidence from US Labor Markets" (NBER working paper no. 23285, National Bureau of Economic Research, 2017).
9. Adam Waytz and Michael I. Norton, "Botsourcing and Outsourcing: Robot, British, Chinese, and German Workers Are for Thinking—Not Feeling—Jobs," *Emotion* 14, no. 2 (April 2014): 434-44, doi:10.1037/a0036054.
10. David J. Deming, "The Growing Importance of Social Skills in the Labor Market," *Quarterly Journal of Economics* 132, no. 4 (November 2017): 1593-640, doi.org/10.1093/qje/qjx022.
11. Nicole Torres, "Research: Technology Is Only Making Social Skills More Important," *Harvard Business Review*, August 26, 2015, https://hbr.org/2015/08/research-technology-is-only-making-social-skills-more-important.
12. Ryan Feit, "How to Stop Robots from Taking Your Job," *Fortune*, December 1, 2014, http://fortune.com/2014/12/01/how-to-stop-robots-from-taking-your-job/.
13. Personal communication, April 9, 2018.
14. John Hagel, "John Hagel: Rethinking Race Against the Machines—Video," Big Think, December 29, 2012, http://bigthink.com/videos/john-hagel-rethinking-race-against-the-machines.
15. Greg Satell, "If You Want to Avoid Being Replaced by a Robot, Here's What You Need to Know," *Forbes*, March 7, 2014, https://www.forbes.com/sites/gregsatell/2014/03/07/if-you-want-to-avoid-being-replaced-by-a-robot-heres-what-you-need-to-know/.
16. Personal communication, October 11, 2017.
17. Guido Matias Cortes, Nir Jaimovich, and Henry E. Siu, "Disappearing Routine Jobs: Who, How, and Why?" (NBER working paper no. 22918, National Bureau of Economic Research, 2016).
18. David Autor, "The Polarization of Job Opportunities in the US Labor Market: Implications for Employment and Earnings," Center for American Progress and the Hamilton Project, 2010, 2.
19. "What Employers Can Do to Encourage Their Workers to Retrain," *The Economist*, January 14, 2017, https://www.economist.com/news/special-report/21714171-companies-are-embracing-learning-core-skill-what-employers-can-do-encourage-their-workers-to-retrain.
20. Ibid.
21. Accenture, "Digital Disconnect in Customer Engagement," https://www.accenture.com/us-en/insight-digital-disconnect-customer-engagement; Elizabeth S. Mitchell, "Surprising Study: Millennials Prefer Human Interaction over Digital," *Adweek*, September 8, 2015, http://www.adweek.com/digital/surprising-study-millenials-prefer-human-interaction-over-digital/.
22. Aspect, "The End of Customer Service as We Know It: Aspect Software's Consumer Experience Index Survey Shows Self-Service, AI, Redefining How Consumers View Customer Service," February 7, 2018, https://www.aspect.com/compny/news/press-releases/the-end-of-customer-service-as-we-know-it-aspect-softwares-consumer-experience-index-survey-shows-self-service-ai-redefining-how-consumers-view-customer-service
23. Belinda Palmer, "Corporate Empathy Is Not an Oxymoron," *Harvard Business Review*, January 8, 2015, https://hbr.org/2015/01/corporate-empathy-is-not-an-oxymoron.
24. Pauline I. Erera, "Empathy Training for Helping Professionals: Model and Evaluation," *Journal of Social Work Education* 33, no. 2 (1997): 245-60; Robert Paul Butters, *A Meta-Analysis of Empathy*

Training Programs for Client Populations (Salt Lake City: University of Utah, 2010); Emily Teding van Berkhout and John M. Malouff, "The Efficacy of Empathy Training: A Meta-Analysis of Randomized Controlled Trials," *Journal of Counseling Psychology* 63, no. 1 (2016): 32-41.

25. William A. Gentry, Todd J. Weber, and Golnaz Sadri, "Empathy in the Workplace: A Tool for Effective Leadership," 2007. http://www.ccl.org/wp-content/uploads/2015/04/EmpathyInTheWorkplace.pdf.
26. Janine Prime and Elizabeth R. Salib, "Inclusive Leadership: The View from Six Countries," Catalyst, May 07, 2014, http://www.catalyst.org/knowledge/inclusive-leadership-view-six-countries.
27. Personal communication, February 22, 2018.
28. Adam M. Grant, "How Customers Can Rally Your Troops," *Harvard Business Review* 89, no. 6 (2011): 96-103.
29. Lesley Latham et al., "Teaching Empathy to Undergraduate Medical Students Using a Temporary Tattoo Simulating Psoriasis," *Journal of the American Academy of Dermatology* 67, no. 1 (2012): 93-99, doi:10.1016/j .jaad.2011.07.023.
30. Aleksandra Kacperczyk, "Social Isolation in the Workplace: A Cross-National and Longitudinal Analysis," *SSRN Electronic Journal* (November 2011): doi: 10.2139/ssrn. 1961387.
31. Tom Rath and Jim Harther, "Your Friends and Your Social Well-Being," Gallup, August 19, 2010, http://www.gallup.com/businessjournal/127043/friends-social-wellbeing.aspx.
32. Toni Vranjes, "Employers Embrace Peer-to-Peer Recognition," Society for Human Resource Management, October 23, 2014, https://www.shrm.org/hr-today/news/hr-magazine/pages/1114-peer-recognition.aspx.
33. Ichiro Kawachi and Lisa F. Berkman. "Social Ties and Mental Health," *Journal of Urban Health* 78, no. 3 (2001): 458-67.
34. S. Leikas and V. J. Ilmarinen, "Happy Now, Tired Later? Extraverted and Conscientious Behaviors Are Related to Immediate Mood Gains, but to Later Fatigue," *Journal of Personality* 85, no. 5 (October 2017): 603-15, doi: 10.1111/jopy. 12264.
35. Bill Ervolino, "We're Exhausted: Stress and Social Media Are Taking Their Toll," Northjersey.com, October 9, 2017, https://www.northjersey.com/story/entertainment/2017/10/09/everybody-exhausted-stress-and-social-media-taking-their-toll/707329001/.
36. Laura F. Bright, Susan Bardi Kleiser, and Stacy Landreth Graub, "Too Much Facebook? An Exploratory Examination of Social Media Fatigue," *Computers in Human Behavior* 44 (March 2015): 148-55, https://doi.org/10.1016/j.chb.2014.11.048.
37. Susan Cain, *Quiet: The Power of Introverts in a World That Can't Stop Talking* (New York: Random House, 2013).
38. Leigh Weingus, "Surprise! You May Be an Ambivert," *HuffPost*, July 29, 2015, https://www.huffingtonpost.com/entry/you-might_be_an_ambivert_us_55b8ce95e4b0224d88347f63.
39. Charles R. Figley, "Compassion Fatigue: Toward a New Understanding of the Costs of Caring," in *Secondary Traumatic Stress: Self-Care Issues for Clinicians, Researchers, and Educators*, ed. B. Hudnall Stature (Baltimore: The Sidran Press, 1995).
40. Liane Wardlow, "Individual Differences in Speakers' Perspective Taking: The Roles of Executive Control and Working Memory," *Psychonomic Bulletin and Review* 20, no. 4 (August 2013): 766-72, doi:10.3758/s13423-013-0396-1.
41. Tony Hsieh, "How I Did It: Zappos's CEO on Going to Extremes for Customers," *Harvard Business Review* (July/August 2010), https://hbr.org/2010/07/how-i-did-it-zapposs-ceo-on-going-to-extremes_for_customers.

42. Richard Hackman and Greg R. Oldham, "Development of the Job Diagnostic Survey," *Journal of Applied Psychology* 60, no. 2 (1975): 159-70.
43. Lauren A. Wegman et al., "Placing Job Characteristics in Context: Cross-Temporal Meta-Analysis of Changes in Job Characteristics Since 1975," *Journal of Management* 44, no. 1 (January 2018). 352-86, doi: 10.1177/0149206316654545.
44. Stephen E. Humphrey, Jennifer D. Nahrgang, and Frederick P. Morgeson, "Integrating Motivational, Social, and Contextual Work Design Features: A Meta-analytic Summary and Theoretical Extension of the Work Design Literature," *Journal of Applied Psychology* 92, no. 5 (September 2007): 1332-56, doi: 10.1037/0021-9010.92.5.1332.
45. Sara Zaniboni, Donald M. Truxillo, and Franco Fraccaroli, "Differential Effects of Task Variety and Skill Variety on Burnout and Turnover Intentions for Older and Younger Workers," *European Journal of Work and Organizational Psychology* 22, no. 3 (April 2013): 306-17, doi.org/10.1080/135943 2X.2013.782288.
46. Bradley R. Staats and Francesca Gino, "Specialization and Variety in Repetitive Tasks: Evidence from a Japanese Bank," *Management Science* 58, no. 6 (March 2012): 1141-59, doi.org/10.1287/mnsc.1110.1482.
47. Jackson G. Lu, Modupe Akinola, and Malia F. Mason, "'Switching On' Creativity: Task Switching Can Increase Creativity by Reducing Cognitive Fixation," *Organizational Behavior and Human Decision Processes* 139 (March 2017): 63-75, doi:10.1016/j.obhdp.2017.01.005.
48. Bernd Beber and Alexandra Scacco, "The Devil Is in the Digits: Evidence That Iran's Election Was Rigged," *Washington Post*, June 20, 2009, http://www.washingtonpost.com/wp-dyn/content/article/2009/06/20/AR20090620000 04.html.
49. Bernard Beber and Alexandra Scacco, "What the Numbers Say: A Digit-Based Test for Election Fraud," *Political Analysis* 20, no. 2 (2012): 211-34, doi.org/10.1093/pan/mps 003.
50. Paul Bakan, "Response-Tendencies in Attempts to Generate Random Binary Series," *American Journal of Psychology* 73, no. 1 (1960): 127-31, http://www.jstor.org/stable/1419124.
51. Nicolas Gauvrit et al., "Human Behavioral Complexity Peaks at Age 25," *PLoS Computational Biology* 13, no. 4 (April 2017): e1005408, doi.org/10.1371/journal.pcbi.1005408.
52. Derek Dean and Caroline Webb, "Recovering from Information Overload," *McKinsey Quarterly* 1, no. 1 (January 2011): 80-88.
53. Arthur T. Jersild, "Mental Set and Shift," *Archives of Psychology* 89 (1927): 81.
54. Renata F. I. Meuter and Alan Allport, "Bilingual Language Switching in Naming: Asymmetrical Costs of Language Selection," *Journal of Memory and Language* 40, no. 1 (January 1999): 25-40, doi.org/10.1006/jmla.1998.2602.
55. Diwas Singh KC, "Does Multitasking Improve Performance? Evidence from the Emergency Department," *Manufacturing and Service Operations Management* 16, no. 2 (2013): 168-83.
56. Decio Coviello, Andrea Ichino, and Nicola Persico, "Time Allocation and Task Juggling," *American Economic Review* 104, no. 2 (February 2014): 609-23, doi: 10.1257/aer.104.2.609.
57. Christopher K. Hsee, Adelle X. Yang, and Liangyan Wang, "Idleness Aversion and the Need for Justifiable Busyness," *Psychological Science* 21, no. 7 (June 2010): 926-30, doi.org/10.1177/0956797610374738.
58. Christopher K. Hsee et al., "Overearning," *Psychological Science* 24, no. 6 (April 2013): 852-59, doi.org/10.1177/0956797612464785.
59. Ed O'Brien and Ellen Roney, "Worth the Wait? Leisure Can Be Just as Enjoyable with

Work Left Undone," *Psychological Science* 28, no. 7 (June 2017): 1000-1015, doi.org/10.1177/0956797617701749.
60. Project: Time Off, "Vacation's Impact on the Workplace," https://www.projecttimeoff.com/research/vacation's-impact-workplace.
61. Alexander C. Kaufman, "Virgin's Unlimited Vacation Plan for Workers May Not Be as Good as It Seems," *HuffPost*, September 23, 2014, http://www.huffingtonpost.com/2014/09/23/virgin-unlimited-vacation_n_5869708.html.
62. Glassdoor, "Glassdoor Survey Reveals Average American Employee Only Takes Half of Earned Vacation/Paid Time Off; 61 Percent Report Working While on Vacation," news release, April 3, 2014, Glassdoor.
63. Jena McGregor, "U.S. Workers—Especially Millennial Women—Aren't Taking All Their Earned Vacation," *Los Angeles Times*, May 26, 2017, http://www.latimes.com/business/la-fi-millennials-vacation-20170526-story.html.
64. Ron Friedman, "Dear Boss: Your Team Wants You to Go on Vacation," *Harvard Business Review*, June 18, 2015, https://hbr.org/2015/06Mear-boss-your-team-wants-you-to-go-on-vacation.
65. Gwen Moran, "Should Companies Make Vacation Mandatory?" *Fast Company*, June 9, 2017, https://www.fastcompany.com/40427648/should-companies-make-vacation-mandatory.
66. Jeanne Sahadi, "Forget Unlimited Time Off. Vacation Is Mandatory at These Companies," CNN, December 15, 2015, http://money.cnn.com/2015/12/15/pf/mandatory-vacation/index.html.
67. Jillian D'Onfro, "The Truth About Google's Famous '20% Time' Policy," *Business Insider*, April 17, 2015, http://www.businessinsider.com/google-20-percent-time-policy-2015-4.
68. Adam Waytz, "The Dangers of Mandatory Fun," *Harvard Business Review*, October 4, 2017, https://hbr.org/2017/10/the-dangers-of-mandatory-fun.
69. Meredith Mealer et al., "Feasibility and Acceptability of a Resilience Training Program for Intensive Care Unit Nurses," *American Journal of Critical Care* 23, no. 6 (November 2014): e97-e105, doi:10.4037/ajcc2014747.
70. Peter Dockrill, "This 4-Day WorkWeek Experiment Went So Well, the Company Is Keeping It," *Science Alert*, July 23, 2018, https://www.sciencealert.com/this-4-day-work-week-experiment-went-so-well-company-keeping-it-perpetual-guardian-engagement-balance.

第 7 章

1. Bertram F. Malle et al., "Sacrifice One for the Good of Many?" *Proceedings of the Tenth Annual ACM/IEEE International Conference on Human-Robot Interaction—HRI 15* (2015): 117-24, doi:10.1145/2696454.2696458.
2. Jim A. Everett, David A. Pizarro, and Molly J. Crockett, "Inference of Trustworthiness from Intuitive Moral Judgments," *Journal of Experimental Psychology: General* (June 2016): 772, doi:10.2139/ssrn.2726330.
3. Yochanan E. Bigman and Kurt Gray, "People Are Averse to Machines Making Moral Decisions," *Cognition* 181, no. 1 (December 2018): 21-34.
4. Brian Uzzi, "How Human-Machine Learning Partnerships Can Reduce Unconscious Bias," *Entrepreneur*, July 31, 2016, https://www.entrepreneur.com/ar ticle/278214.
5. David Infold and Spencer Soper, "Amazon Doesn't Consider the Race of Its Customers. Should It?" *Bloomberg*, April 21, 2016, https://www.bloomberg.corn/graphic s/2016-amazon- same- day/.

6. Rafi Letzter, "Amazon Just Showed Us That 'Unbiased' Algorithms Can Be Inadvertently Racist," *Business Insider*, April 21, 2016, http://www.businessinsider.com/how-algorithms-can-be-racist-2016-4.
7. Safiya U. Noble, *Algorithms of Oppression: How Search Engines Reinforce Racism* (New York: New York University Press, 2018), 18.
8. Tom Simonite, "Photo Algorithms ID White Men Fine—Black Women, Not So Much," *Wired*, February 6, 2018, https://www.wired.com/story/photo-algorithms-id-white-men-fineblack-women-not-so-much/.
9. Aylin Caliskan, Joanna J. Bryson, and Arvind Narayanan, "Semantics Derived Automatically from Language Corpora Contain Human-Like Biases," *Science* 356, no. 6334 (April 2017): 183-86, doi:10.1126/science.aal4230.
10. Julia Angwin et al., "Machine Bias," Pro Publica, May 23, 2016, https://www.propublica.org/article/machine-bias-risk-assessments-in-criminal-sentencing.
11. Jon Kleinberg et al., "Human Decisions and Machine Predictions" (NBER working paper no. 23180, National Bureau of Economic Research, 2017).
12. Personal communication, October 11, 2017.
13. Tess Townsend, "Eric Schmidt Said ATMs Led to More Jobs for Bank Tellers. It's Not That Simple," *Recode*, May 8, 2017, https://www.recode.net/2017/5/8/15584268/eric-schmidt-alphabet-automation-atm-bank-teller.
14. Kalyan Veeramachaneni et al., "AI^2: Training a Big Data Machine to Defend," *2016 IEEE 2nd International Conference on Big Data Security on Cloud (BigDataSecurity), IEEE International Conference on High Performance and Smart Computing (HPSC), and IEEE International Conference on Intelligent Data and Security (IDS)* (April 2016): 49-54, doi:10.1109/bigdatasecurity-hpsc-ids.2016.79.
15. Corey Fedde, "How This AI-Human Partnership Takes Cybersecurity to a New Level," *Christian Science Monitor*, April 20, 2016, https://www.csmonitor.com/Technology/2016/0420/How-this-AI-human-partnership-takes-cybersecurity-to-a-new-level.
16. Cybersecurity Ventures, "Cybersecurity Jobs Report 2018-2021," https://cybersecurityventures.com/jobs/.
17. Steve Lohr, "A.I. Is Doing Legal Work. But It Won't Replace Lawyers, Yet," *New York Times*, March 19, 2017, https://www.nytimes.com/2017/03/19/technology/lawyers-artificial-intelligence.html.
18. Meeri Kim, "Let Robots Handle Your Emotional Burnout at Work—How We Get to Next," Medium, March 23, 2017, https://howwegettonext.com/let-robots-handle-your-emotional-burnout-at-work-e09babbe81e8.
19. H. James Wilson, Allan Alter, and Prashant Shukla, "Companies Are Reimagining Business Processes with Algorithms," *Harvard Business Review*, March 1, 2018, https://hbr.org/2016/02/companies-are-reimagining-business-processes-with-algorithms.
20. Selma Sabanovic et al., "PARO Robot Affects Diverse Interaction Modalities in Group Sensory Therapy for Older Adults with Dementia," *2013 IEEE 13th International Conference on Rehabilitation Robotics* (June 2013): 1-6, doi:10.1109/icorr.2013.6650427; Kazuyoshi Wada et al., "Psychological and Social Effects of Robot Assisted Activity to Elderly People Who Stay at a Health Service Facility for the Aged," *2003 IEEE International Conference on Robotics and Automation* (April 2005): 2785-90, doi:10.1109/robot.2003.1242211.

21. Personal communication, March 15, 2018.
22. Paula Cocozza, "No Hugging: Are We Living Through a Crisis of Touch?" *The Guardian*, March 7, 2018, https://www.theguardian.com/society/2018/mar/07/crisis-touch-hugging-mental-health-strokes-cuddles.
23. Adam Waytz, Joy Heafner, and Nicholas Epley, "The Mind in the Machine: Anthropomorphism Increases Trust in an Autonomous Vehicle," *Journal of Experimental Social Psychology* 52 (May 2014): 113-17, doi:10.1016/j.jesp.2014.01.005.
24. Masahiro Mori, "The Uncanny Valley," *Energy* 7, no. 4 (1970): 33-35.
25. Steven Levy, "Why Tom Hanks Is Less Than Human," *Newsweek*, Novem-ber 21, 2004, 305-6.
26. "Hayao Miyazaki's Thoughts on an Artificial Intelligence," YouTube video, 2:19, posted by "Mahattan Project for a Nuclear-Free World," November 15, 2016, https://www.youtube.com/watch?v=ngZ0K3lWKRc.
27. Karl F. MacDorman, "Subjective Ratings of Robot Video Clips for Human Likeness, Familiarity, and Eeriness: An Exploration of the Uncanny Valley," *ICCS/CogSci-2006 Long Symposium: Toward Social Mechanisms of Android Science* (July 2006): 26-29, http://www.damiantgordon.com/Courses/CaseStudies/CaseStudy3c.pdf.
28. Nicholas Carr, "These Are Not the Robots We Were Promised," *New York Times*, September 9, 2017, https://www.nytimes.com/2017/09/09/opinion/sunday/household-robots-alexa-homepod.html.
29. Clifford Nass and Scott Brave, *Wired for Speech: How Voice Activates and Advances the Human-Computer Relationship* (Cambridge, MA: MIT Press, 2005), 3-4.
30. Juliana Schroeder and Nicholas Epley, "The Sound of Intellect," *Psychological Science* 26, no. 6 (June 2015): 877-91, doi:10.1177/0956797615572906.
31. Juliana Schroeder and Nicholas Epley, "Mistaking Minds and Machines: How Speech Affects Dehumanization and Anthropomorphism," *Journal of Experimental Psychology: General* 145, no. 11 (November 2016): 1427-37, doi: 10.1037/xge0000214.
32. Fumihide Tanaka, Aaron Cicourel, and Javier R. Movellan, "Socialization between Toddlers and Robots at an Early Childhood Education Center," *Proceedings of the National Academy of Sciences* 104, no. 46 (November 2007): 17954-58, doi:10.1073/pnas.0707769104.
33. Adam Waytz et al., "Making Sense by Making Sentient: Effectance Motivation Increases Anthropomorphism," *Journal of Personality and Social Psychology* 99, no. 3 (2010): 410-35, doi:10.1037/a0020240.
34. "Mimus," ATONATON, https://atonaton.com/mimus.
35. Personal communication, February 20, 2018.
36. Ellen J. Langer and Judith Rodin, "The Effects of Choice and Enhanced Personal Responsibility for the Aged: A Field Experiment in an Institutional Setting," *Journal of Personality and Social Psychology* 32, no. 2 (1976): 191-98, doi: 10.1017/cbo9780511759048.031.
37. Alexander Reben et al., "The Implications of Artificial Intelligence" (lecture, Chicago Ideas, Chicago).
38. Adam Waytz and Michael I. Norton, "Botsourcing and Outsourcing: Robot, British, Chinese, and German Workers Are for Thinking—Not Feeling—Jobs," *Emotion* 14, no. 2 (April 2014): 434-44, doi:10.1037/a0036054.
39. Jennifer Goetz, Sara Kiesler, and Aaron Powers, "Matching Robot Appearance and Behavior to Tasks to Improve Human-Robot Cooperation," *The 12th IEEE International Workshop on Robot and Human Interactive Communication, 2003. Proceedings. ROMAN 2003*, doi:10.1109/roman. 2003.1251796.

40. Gale M. Lucas et al., "It's Only a Computer: Virtual Humans Increase Willingness to Disclose," *Computers in Human Behavior* 37 (August 2014): 94-100, doi.org/10.1016/j.chb.2014.04.043.
41. Clifford Nass and Kwan Min Lee, "Does Computer-Synthesized Speech Manifest Personality? Experimental Tests of Recognition, Similarity-Attraction, and Consistency-Attraction," *Journal of Experimental Psychology: Applied* 7, no. 3 (2001): 171-81, doi:10.1037//1076-898X.7.3.171.
42. Ing-Marie Johnsson et al., "Matching In-Car Voice with Driver State: Impact on Attitude and Driving Performance," *Proceedings of the Third International Driving Symposium on Human Factors in Driver Assessment, Training and Vehicle Design*, (2005): 173-80, doi.org/10.17077/drivingassessment.1158.

第 8 章

1. Muzafer Sherif and Carolyn W. Sherif, *Groups in Harmony and Tension: An Integration of Studies of Intergroup Relations* (New York: Harper Brothers, 1953).
2. Emanuele Castaño and Roger Giner-Sorolla, "Not Quite Human: Infrahumanization in Response to Collective Responsibility for Intergroup Killing," *Journal of Personality and Social Psychology* 90, no. 5 (2006): 804-18, doi:10.1037/0022-3514.90.5.804.
3. Adam Waytz, Juliana Schroeder, and Nicholas Epley, "The Lesser Minds Problem," *Humanness and Dehumanization* (2013): 49-67, doi: 10.4324/9780203110539.
4. Emily Pronin and Matthew B. Kugler, "People Believe They Have More Free Will Than Others," *Proceedings of the National Academy of Sciences* 107, no. 52 (2010): 22469-74, doi.org/10.1073/pnas.1012046108.
5. Nicholas Epley, Kenneth Savitsky, and Thomas Gilovich, "Empathy Neglect: Reconciling the Spotlight Effect and the Correspondence Bias," *Journal of Personality and Social Psychology* 83, no. 2 (2002): 300-312, doi: 10.1037//0022-3514.83.2.300.
6. Emily Pronin, Daniel Y. Lin, and Lee Ross, "The Bias Blind Spot: Perceptions of Bias in Self Versus Others," *Personality and Social Psychology Bulletin* 28, no. 3 (2002): 369-81, doi.org/10.1177/0146167202286008.
7. Nicholas Haslam et al., "More Human Than You: Attributing Humanness to Self and Others," *Journal of Personality and Social Psychology* 89, no. 6 (December 2005): 937-50, doi:10.1037/0022-3514.89.6.937.
8. Peter Koval et al., "Our Flaws Are More Human Than Yours: Ingroup Bias in Humanizing Negative Characteristics," *Personality and Social Psychology Bulletin* 38, no. 3 (September 2011): 283-95, https://doi.org/10.1177/0146167211423777.
9. Peter Beaumont, "Netanyahu Plans Fence around Israel to Protect It from 'Wild Beasts'," *The Guardian*, February 10, 2016, https://www.theguardian.com/world/2016/feb/10/netanyahu-plans-fence-around-israel-to-protect-it-from-wild-beasts.
10. "Netanyahu: Muslims Are 'Dangerous Animals,'" PNN, November 19, 2015, http://english.pnn.ps/2015/11/19/netanyahu-muslims-are-dangerous-animals/.
11. Roberta Strauss Feuerlicht, *The Fate of the Jews: A People Torn Between Israeli Power and Jewish Ethics* (New York: Crown Publishing, 1983).
12. Ellen Barry and Suhasini Raj, "Firebrand Hindu Cleric Ascends India's Political Ladder," *New York Times*, July 12, 2017, https://www.nytimes.com/2017/07/12/world/asia/india-yogi-adityanath-bjp-modi.html.

13. Jeffrey Gettleman, "Rohingya Recount Atrocities: 'They Threw My Baby into a Fire,'" *New York Times*, October 11, 2017, https://www.nytimes.com/2017/10/11/world/asia/rohingya-myanmar-atrocities.html.
14. Nour Kteily et al., "The Ascent of Man: Theoretical and Empirical Evidence for Blatant Dehumanization," *Journal of Personality and Social Psychology* 109, no. 5 (2015), doi: 10.1037/pspp0000048; Nour Kteily and Emile Bruneau, "Backlash: The Politics and Real-World Consequences of Minority Group Dehumanization," *Personality and Social Psychology Bulletin* 43, no. 1 (2016): doi:10.1177/0146167216675334.
15. Paul Bain et al., "Attributing Human Uniqueness and Human Nature to Cultural Groups: Distinct Forms of Subtle Dehumanization," *Group Processes and Intergroup Relations* 12, no. 6 (October 2009): 789-805, https://doi.org/10.1177/1368430209340415.
16. Phillip A. Goff et al., "Not Yet Human: Implicit Knowledge, Historical Dehumanization, and Contemporary Consequences," *Journal of Personality and Social Psychology* 94, no. 2 (2008): 292-306, doi:10.1037/0022-3514.94.2.292.
17. Sophie Trawalter, Kelly M. Hoffman, and Adam Waytz, "Racial Bias in Per-ceptions of Others' Pain," *PLoS One* 7, no. 11 (November 2012), https://doi.org/10.1371/journal.pone.0048546; Brian B. Drwecki, Colleen F. Moore, Sandra E. Ward, and Kenneth M. Prkachin, "Reducing Racial Disparities in Pain Treatment: The Role of Empathy and Perspective-Taking," *Pain* 152, no. 5 (2011): 1001-6; Kelly M. Hoffman, Sophie Trawalter, Jordan R. Axt, and M. Norman Oliver, "Racial Bias in Pain Assessment and Treatment Recommendations, and False Beliefs about Biological Differences between Blacks and Whites," *Proceedings of the National Academy of Sciences* 113, no. 16 (2016): 4296-301; Kimberley A. Kaseweter, Brian B. Drwecki, and Kenneth M. Prkachin, "Racial Differences in Pain Treatment and Empathy in a Canadian Sample," *Pain Research and Management* 17, no. 6 (2012): 381-84. Raymond C. Tait and John T. Chibnall, "Racial/Ethnic Disparities in the Assessment and Treatment of Pain: Psychosocial Perspectives," *American Psychologist* 69, no. 2 (2014): 131-41, doi:10.1037/a0035204.
18. R. Sean Morrison et al., "'We Don't Carry That'—Failure of Pharmacies in Predominantly Nonwhite Neighborhoods to Stock Opioid Analgesics," *New England Journal of Medicine* 342, no. 14 (April 2000): 1023-26, doi: 10.1056/NEJM200004063421406.
19. Rob Haskell, "Serena Williams on Motherhood, Marriage, and Making Her Comeback," *Vogue*, January 10, 2018, https://www.vogue.com/article/serena-williams-vogue- cover-interview-february-2018.
20. Kelly M. Hoffman et al., "Racial Bias in Pain Assessment and Treatment Recommendations, and False Beliefs about Biological Differences between Blacks and Whites," *Proceedings of the National Academy of Sciences* 113, no. 16 (April 2016): 4296-4301, https://doi.org/10.1073/pnas.1516047113.
21. "Reproductive Health," Centers for Disease Control and Prevention, Febru-ary 8, 2018, https://www.cdc.gov/reproductivehealth/maternalinfanthealth/pregnancy-relatedmortality.htm.
22. Adam Waytz, Kelly Marie Hoffman, and Sophie Trawalter, "A Superhumanization Bias in Whites' Perceptions of Blacks," *Social Psychological and Personality Science* 6, no. 3 (October 2014): 352-59, https://doi.org/10.1177/1948550614553642.
23. Toni Morrison et al., "Black Studies Center Public Dialogue Part 2" (panel, Portland State University, Portland, 1975).
24. Adam Waytz, Liane L. Young, and Jeremy Ginges, "Motive Attribution Asymmetry for Love vs. Hate Drives Intractable Conflict," *Proceedings of the National Academy of Sciences* 111, no. 44

(2014): 15687-92, doi:10.1073/pnas.1414146111.
25. From Gina Perry, *"The Lost Boys": Inside Muzafer Sheriffs Robbers Cave Experiment* (Melbourne: Scribe Publications, 2018).
26. United with Israel, "Israeli and Palestinian Children Learn Peace through Soccer," May 27, 2013, https://unitedwithisrael.org/israeli-and-palestinian-children-learn-peace-through-soccer/.
27. Sharon Udasin, 7Israelis, Palestinians Build Start-Ups Together at Brandeis Incubator," *Jerusalem Post*, June 11, 2017, http://www.jpost.com/International/Israelis-Palestinians-build-start-ups-together-at-Brandeis-incubator-496324.
28. Jonathan Haidt, "How Common Threats Can Make (Political) Ground" (address, TEDSalon NY2012, New York City).
29. Ting Zhang, Francesca Gino, and Michael I. Norton, "The Surprising Effectiveness of Hostile Mediators," *Management Science* 63, no. 6 (May 2016): 1972-92, https://doi.org/10.1287/mnsc.2016.2431.
30. Jennifer K. Bosson et al., "Interpersonal Chemistry through Negativity: Bonding by Sharing Negative Attitudes about Others," *Personal Relationships* 13, no. 2 (2006): 135-50, https://doi.org/10.1111/j.1475-6811.2006.00109.x.
31. Mark Levine et al., "Identity and Emergency Intervention: How Social Group Membership and Inclusiveness of Group Boundaries Shape Helping Behavior," *Personality and Social Psychology Bulletin* 31, no. 4 (April 2005): 443-53, https://doi.org/10.1177/0146167204271651.
32. Samuel L. Gaertner et al., "The Common Ingroup Identity Model: Recategorization and the Reduction of Intergroup Bias," *European Review of Social Psychology* 4, no. 1 (March 2011): 1-26, https://doi.org/10.1080/14792779343000004.
33. Jason A. Nier et al., "Changing Interracial Evaluations and Behavior: The Effects of a Common Group Identity," *Group Processes and Intergroup Relations* 4, no. 4 (October 2001): 299-316, https://doi.org/10.1177/1368430201004004001.
34. Samuel L. Gaertner, Mary C. Rust, and John F. Dovidio, "The Contact Hypothesis: The Role of a Common Ingroup Identity on Reducing Intergroup Bias," *Small Group Research* 25, no. 2 (May 1994): 224-49, https://doi.org/10.1177/1046496494252005.
35. Britni de la Cretaz, "Georgia Tech Dancer Raianna Brown Shares Why She Kneels," *Teen Vogue*, September 26, 2017, https://www.teenvogue.com/story/georgia-tech-dancer-viral-photo-shares-why-she-kneels.
36. Phillip L. Hammack, "Identity, Conflict, and Coexistence: Life Stories of Israeli and Palestinian Adolescents," *Journal of Adolescent Research* 21, no. 4 (July 2006): 323-69, https://doi.org/10.1177/0743558406289745.
37. Cara C. MacInnis and Elizabeth Page-Gould, "How Can Intergroup Interaction Be Bad If Intergroup Contact Is Good? Exploring and Reconciling an Apparent Paradox in the Science of Intergroup Relations," *Perspectives on Psychological Science* 10, no. 3 (2015): 307-27.
38. Ryan D. Enos, "Causal Effect of Intergroup Contact on Exclusionary Attitudes," *Proceedings of the National Academy of Sciences* 111, no. 10 (2014): 3699-3704, https://doi.org/10.1073/pnas.1317670111.
39. Arie Nadler and Ido Liviatan, "Intergroup Reconciliation: Effects of Adversary's Expressions of Empathy, Responsibility, and RecIplents' Trust," *Personality and Social Psychology Bulletin* 32, no. 4 (April 2006): 459-70, https://doi.org/10.1177/0146167205276431.
40. John F. Dovidio, Samuel L. Gaertner, and Tamar Saguy, "Commonality and the Complexity of

"We": Social Attitudes and Social Change," *Personality and Social Psychology Review* 13, no. 1 (February 2009). 3-20, https://doi.org/10.1177/1088868308326751.
41. W. E. B. Du Bois, *The Souls of Black Folks*, ed. Manning Marable (London: Routledge, 2015), 2.
42. Tasnim Ahmed, "The Melting Pot That Never Was," *Harvard Crimson*, March 5, 2014, https://www.thecrimson.com/article/2014/3/5/harvard-not-melting-pot/.
43. Jan Pieter Van Oudenhoven, Karin S. Prins, and Bram P. Buunk, "Attitudes of Minority and Majority Members Towards Adaptation of Immigrants," *European Journal of Social Psychology* 28, no. 6 (1998): 995-1013, https://doi.org/10.1002/(SIC I) 1099-0992(1998110)28:6<995::AID-EJSP908>3.0.CO;2_8.
44. "A Call for Unity," *Birmingham News*, April 12, 1963.
45. Elana Zak, "How NFL Owners Responded to Trump," CNN, September 25, 2017, https://money.cnn.com/2017/09/24/media/nfl-owners-trump-unity/index.html.
46. Chimamanda Ngozi Adichie, "Now Is the Time to Talk about What We Are Actually Talking About," *The New Yorker*, December 2, 2016, http://www.newyorker.com/culture/cultural-comment/now-is-the-time-to-talk-about-what-we-are-actually-talking-about.
47. Nour Kteily et al., "Negotiating Power: Agenda Ordering and the Willingness to Negotiate in Asymmetric Intergroup Conflicts," *Journal of Personality and Social Psychology* 105, no. 6 (2013): 978, doi:10.1037/a0034095.
48. Tamar Saguy, John F. Dovidio, and Felicia Pratto, "Beyond Contact: Intergroup Contact in the Context of Power Relations," *Personality and Social Psychology Bulletin* 34, no. 3 (March 2008): 432-45, doi: 10.1177/0146167207311200.
49. Emile G. Bruneau and Rebecca Saxe, "The Power of Being Heard: The Benefits of 'Perspective-Giving' in the Context of Intergroup Conflict," *Journal of Experimental Social Psychology* 48, no. 4 (July 2012): 855-66, https://doi.org/10.1016/j.jesp.2012.02.017.
50. Juan E. Ugarriza and Enzo Nussio, "The Effect of Perspective-Giving on Postconflict Reconciliation. An Experimental Approach," *Political Psychology* 38, no. 1 (February 2017): 3-19, https://doi.org/10.1111/pops.12324.
51. Vincent Bevins, "Brazilian Police Drag Out Students Occupying Schools to Protest Lunch Money Scandal," *Los Angeles Times*, May 6, 2016, http://www.latimes.com/world/mexico-americas/la-fg-brazil-student-protests-20160506-story.html.
52. Vijhay Vick, "We Just Wanted to Be Heard," *Malay Mail*, November 21, 2013, https://www.malaymail.com/s/566505/we-just-wanted-to-be-heard.
53. Darcie Moran, "Students Protest Racism, Building Name on University of Michigan Campus," *Michigan Live*, September 25, 2017, http://www.mlive.com/news/ann-arbor/index.ssf/2017/09/protesters_block_bus_terminal, html.
54. Personal communication, May 4, 2018.
55. Hilary B. Bergsieker, J. Nicole Shelton, and Jennifer A. Richeson, "To Be Liked versus Respected: Divergent Goals in Interracial Interactions," *Journal of Personality and Social Psychology* 99, no. 2 (2010): 248.
56. N. Shnabel and A. Nadler, "A Needs-Based Model of Reconciliation: Satisfying the Differential Emotional Needs of Victim and Perpetrator as a Key to Promoting Reconciliation," *Journal of Personality and Social Psychology* 94, no. 1 (2008): 116-32, doi:10.1037/0022-3514.94.1.116.
57. Eran Halperin et al., "Promoting the Middle East Peace Process by Changing Beliefs about Group Malleability," *Science* 333, no. 6050 (September 2011). 1767-69, doi:10.1126/science.1202925.

58. Matthew Feinberg and Robb Wilier, "From Gulf to Bridge: When Do Moral Arguments Facilitate Political Influence?" *Personality and Social Psychology Bulletin* 41, no. 12 (2015): 1665-81, https://doi.org/10.1177/0146167215607842.
59. Jonathan Haidt, *The Righteous Mind: Why Good People Are Divided by Politics and Religion* (New York: Vintage Books, 2012).
60. Matthew Feinberg and Robb Willer, "The Moral Roots of Environmental Attitudes," *Psychological Science* 24, no. 1 (2013): 56-62, https://doi.org/10.1177/0956797612449177.
61. Audre Lorde, "Age, Race, Class, and Sex: Women Redefining Difference," in *Women in Culture: An Intersectional Anthology for Gender and Women's Studies*, ed. Bonnie Kime Scott (Hoboken: Wiley Blackwell, 1980), 16-23.

第 9 章

1. C. Daniel Batson, Jim Fultz, and Patricia A. Schoenrade, "Distress and Empathy: Two Qualitatively Distinct Vicarious Emotions with Different Motivational Consequences," *Journal of Personality* 55, no. 1 (1987): 19-39, doi:10.1111/j.1467-6494.1987.tb00426.x.
2. Meghan L. Meyer et al., "Empathy for the Social Suffering of Friends and Strangers Recruits Distinct Patterns of Brain Activation," *Social Cognitive and Affective Neuroscience* 8, no. 4 (2012), doi:10.1093/scan/nss019.
3. Octavia E. Butler, *Parable of the Sower* (New York: Grand Central, 1993), 11.
4. Laura Müller-Pinzler et al., "When Your Friends Make You Cringe: Social Closeness Modulates Vicarious Embarrassment-Related Neural Activity," *Social Cognitive and Affective Neuroscience* 11, no. 3 (2015): 466-75, doi: 10.1093/scan/nsv130.
5. Constantine Sedikides et al., "The Self-Serving Bias in Relational Context," *Journal of Personality and Social Psychology* 74, no. 2 (1998): 378.
6. Kenneth Savitsky et al., "The Closeness-Communication Bias: Increased Egocentrism among Friends versus Strangers," *Journal of Experimental Social Psychology* 47, no. 1 (2011): 269-73, doi:10.1016/j.jesp.2010.09.005.
7. Victor Bockris, *Transformer: The Lou Reed Story* (New York: Simon & Schuster, 1997), 42.
8. Sandra L. Murray et al., "Kindred Spirits? The Benefits of Egocentrism in Close Relationships," *Journal of Personality and Social Psychology* 82, no. 4 (2002): 563-81, doi:10.1037//0022-3514.82.4.563.
9. Eli J. Finkel, *The All-or-Nothing Marriage: How the Best Marriages Work* (New York: Dutton, 2017), 95.
10. "R/Ask Men—Have You Ever Dated Someone Who Was Too Similar to You?" Reddit, https://www.reddit.com/r/AskMen/comments/2ck4bb/have_you_ever_dated_someone_who_was_too_similar/.
11. John Gottman, "Debunking 12 Myths about Relationships," Gottman Institute, March 13, 2016, https://www.gottman.com/blog/debunking-12-myths-about-relationships/.
12. Abraham Tesser, "Toward a Self-Evaluation Maintenance Model of Social Behavior," *Advances in Experimental Social Psychology* 21 (1988): 181-227, doi: 10.1016/s0065-2601(08)60227-0.
13. Steven R. H. Beach and Abraham Tesser, "Decision Making Power and Marital Satisfaction: A Self-Evaluation Maintenance Perspective," *Journal of Social and Clinical Psychology* 12, no, 4 (1993): 471-94, doi:10.1521/jscp.1993.12.4.471.
14. Jacquie D. Vorauer and Tamara A. Sucharyna, "Potential Negative Effects of Perspective-Taking

Efforts in the Context of Close Relationships: Increased Bias and Reduced Satisfaction," *Journal of Personality and Social Psychology* 104, no. 1 (2013)-70-86, doi:10.1037/a0030184.
15. Eli J. Finkel et al., "A Brief Intervention to Promote Conflict Reappraisal Preserves Marital Quality over Time," *Psychological Science* 24, no. 8 (2013): 1595-1601.
16. Jacquie D. Vorauer and Matthew Quesnel, "You Don't Really Love Me, Do You? Negative Effects of Imagine-Other Perspective-Taking on Lower Self-Esteem Individuals' Relationship Well-Being," *Personality and Social Psychology Bulletin* 39, no. 11 (2013): 1428-40, doi:10.1177/0146167213495282.
17. "Detachment with Love Gains New Meaning," How to Help an Addict by Detaching with Love | Hazelden Betty Ford Foundation, July 22, 2015, http://www.hazeldenbettyford.org/articles/detachment-with-love-gains-new-meaning.
18. Larissa MacFarquhar, *Strangers Drowning: Impossible Idealism, Drastic Choices, and the Urge to Help* (New York: Penguin Books, 2016), 163.
19. Paul Bloom, *Against Empathy: The Case for Rational Compassion* (New York: Harper Collins, 2017), 50.
20. Matthew R. Jordan, Dorsa Amir, and Paul Bloom, "Are Empathy and Concern Psychologically Distinct?" *Emotion* 16, no. 8 (December 2016): 1107-16, http://psycnet.apa.org/buy/2016-46141-001.
21. Elaine N. Aron and Arthur Aron, "Love and Expansion of the Self: The State of the Model," *Personal Relationships* 3, no. 1 (1996): 45-58, doi: 10.1111/j.1475-6811.1996.tb00103.x.

后 记

1. Leslie A. Perlow, "The Time Famine: Toward a Sociology of Work Time," *Administrative Science Quarterly* 44, no. 1 (1999): 57-81, doi: 10.2307/2667031.
2. Julianne Holt-Lunstad, Timothy B. Smith, and J. Bradley Layton, "Social Relationships and Mortality Risk: A Meta-Analytic Review," *PLoS Medicine* 7, no. 7 (2010): e1000316.
3. Julianne Holt-Lunstad et al., "Loneliness and Social Isolation as Risk Factors for Mortality: A Meta-Analytic Review," *Perspectives on Psychological Science* 10, no. 2 (2015): 227-37.
4. James S. House, Karl R. Landis, and Debra Umberson, "Social Relationships and Health," *Science* 241, no. 4865 (1988): 540-45.
5. John T. Cacioppo and William Patrick, *Loneliness: Human Nature and the Need for Social Connection* (New York: W. W. Norton, 2009).
6. Daniel Kahneman and Angus Deaton, "High Income Improves Evaluation of Life but Not Emotional Well-Being," *Proceedings of the National Academy of Sciences* 107, no. 38 (2010): 16489-93.
7. Scott Atran, *Talking to the Enemy: Faith, Brotherhood, and the (Un)Making of Terrorists* (New York: Harper Collins, 2010); Johann Hari, *Chasing the Scream: The First and Last Days of the War on Drugs* (London: Bloomsbury, 2015).
8. Brock Bastian and Nick Haslam, "Excluded from Humanity: The Dehumanizing Effects of Social Ostracism," *Journal of Experimental Social Psychology* 46, no. 1 (2010): 107-13.